Torsten Döbbecke

Gibt es quantenphysikalische Ursachen für die relativistische Zeitdehnung, eine Zeitkontraktion und eine Unendlichkeit in Raum und Zeit?

Zum Wesen der Zeit und dialektische Zusammenhänge, Zeitverschiebung bei Bewegung im Gravitationsfeld und die 4-dimensionale Raum-Zeit

GRIN Verlag

Impressum:

Copyright © 2012 GRIN Verlag GmbH
Druck und Bindung: Books on Demand GmbH, Norderstedt Germany
ISBN: 978-3-656-30612-2

Autor: Dipl.-ing. Torsten Döbbecke
Oktober 2012

Gibt es quantenphysikalische Ursachen für die relativistische Zeitdehnung, eine Zeitkontraktion und eine Unendlichkeit in Raum und Zeit?

Zum Wesen der Zeit und dialektische Zusammenhänge

Zeitverschiebung bei Bewegung im Gravitationsfeld und die 4-dimensionale Raum-Zeit

Inhalt

Einleitung

Wir untersuchen in diesem Beitrag zum Thema „Zeit und Zeitverschiebung" physikalisch und philosophisch das Wesen der Zeit, den Zusammenhang zwischen Raum und Zeit und die relativistische Veränderlichkeit der Zeit. Wir wollen uns auch mit der Frage nach tieferen Ursachen für die Relativität der Zeit befassen und uns mit zahlreichen weiteren Problemstellungen auseinandersetzen. Interessante Fragestellungen zu dieser Thematik sind:
Was ist Zeit? Ist sie objektiv oder subjektiv geprägt, ist sie kontinuierlich oder diskontinuierlich oder müssen wir jeweils beide Aspekte berücksichtigen? Wie hängt die Zeit mit Entwicklungsprozessen, mit der Irreversibilität und der Entropie zusammen? Welche Zyklen und periodischen Vorgänge bestimmen die zeitlichen Abläufe z.B. in der Elementarteilchenphysik und in der Kosmologie?
Wie hängen Raum und Zeit, Materie und Bewegung miteinander zusammen? Ist die Zeit lediglich durch besondere Bewegungsformen gekennzeichnet oder gar nur eine Illusion? Gibt es neben den Endlichkeiten in der Zeit (begrenzte Lebensdauer der Systeme) auch eine Unendlichkeit in der Zeit und wie muss man die Dialektik dieser beiden Seiten betrachten? Wie hängen diese Aspekte mit einer möglichen Unendlichkeit im Raum zusammen und welche Folgerungen ergeben sich daraus für die Kosmologie? Gab es einen Urknall als Beginn für Alles oder müssen wir Strukturbildungsprozesse und Hierarchien in einem unendlichen Raum betrachten? Wird ein Wärmetod im Kosmos auftreten? Welche Bedeutung hat eine imaginäre Zeit? Gibt es eine Zeitlosigkeit und eine Zeitumkehr? Wie beschreiben wir Raum und Zeit als Existenzformen der Materie? Was verstehen wir unter einem Block-Universum?
Wir gehen weiterhin ausführlich auf die speziell- und die allgemein-relativistische Zeitverschiebung ein und suchen auch alternative Erklärungsmöglichkeiten. Zunächst behandeln wir dabei den Begriff der 4-dimensionalen Raum-Zeit und erklären anschließend die Zeitdehnung in Abhängigkeit von Geschwindigkeit, Beschleunigung und Gravitation, speziell auch in einem Gravitationsfeld einer rotierenden Masse und gehen auch auf die Kombination und den Nachweis der Zeitdehnungseffekte ein.
Wir behandeln desweitern das Zwillingsparadoxon und deren Lösung und die Frage, ob eine Reise in die Zukunft oder in die Vergangenheit möglich ist. Wir wollen auch untersuchen, ob sich relativistische Umkehreffekte unter bestimmten Bedingungen ergeben können, sodass z.B. neben einer Zeitdehnung auch eine Zeitkontraktion möglich ist.
Wir begründen anschließend alternative bzw. nähere Erklärungsmöglichkeiten im Zusammenhang mit quantenphysikalischen Überlegungen: Auf welche Wechselwirkungen lassen sich Gravitation und Trägheit sowie speziell- und allgemein-relativistische Effekte zurückführen? Gibt es eine quantenphysikalische Begründung relativistischer Effekte, insbesondere der Zeitverschiebung? Welche Feldquanten, Quantenwechselwirkungen und Quanteneigenschaften (z.B. Mitführungseffekte) sind für die relativistischen Effekte verantwortlich und ergeben sich daraus neue Zusammenhänge und Korrekturen? Wie lässt sich für diese Wechselwirkungen ein Energie-Impulssatz formulieren? Zum Abschluss gehen wir noch einmal etwas näher auf das Wesen der Zeit in Verbindung mit diversen dialektischen Zusammenhängen ein.

1   Was ist die Zeit?, Zyklen und Entwicklungsprozesse, Raum und Zeit

Um der Beantwortung obiger Frage näherzukommen, betrachten wir, wie die Vorstellung von der Existenz einer Zeit zustande kam.

Zunächst nahm der Mensch bestimmte periodische Abläufe in der Natur wahr. Hierzu gehörten z.B. wiederkehrende Sternenbilder und der Tag-Nacht-Rhythmus. An diesen Rhythmen bzw. Zyklen begann sich der Mensch in seinem Handeln zu orientieren.

Schließlich schaffte er sich selbst einen periodischen Ablauf bzw. Zyklus, indem er die Uhr erfand. Auch diese Abläufe konnten nun zu seiner Orientierung dienen. Schließlich wurde der Tag mit der Erdrotation und das Jahr mit der Umlaufbewegung der Erde um die Sonne in Verbindung gebracht usw., also wieder mit Zyklen. Zur weiteren Orientierung diente dann der Kalender, der sich an solchen astronomischen Gegebenheiten ausrichtete.

Letztlich ist ein Zeitpunkt dann quantitativ durch eine Aufsummierung solcher Zyklen und ein Zeitintervall durch eine Anzahl von periodischen Abläufen der „Bezugsbewegung" bestimmt, wobei auch eine Einteilung (Zeiteinteilung) dieser Abläufe erfolgt. Es wird hiermit letztlich eine Zuordnung von periodischen Abläufen zu anderen Bewegungsabläufen hergestellt. Mit der Zeit verband man damit ein Maß für ein Ereignis (Zeitpunkt) und auch ein Maß für eine Bewegung, Entwicklung und Veränderung, denn zu allen diesen Prozessen konnte man eine Zuordnung zu regelmäßigen, insbesondere periodischen Abläufen herstellen. Einem vergangenen, gegenwärtigen und zukünftigen Ereignis konnten jeweils Zeitpunkte (z.B. für den jeweiligen Beginn des Ereignisses) in aufsteigender Reihenfolge, also letztlich (insbesondere) bestimmte Zyklusanzahlen zugeordnet werden und einer Bewegung entsprach ebenfalls einer bestimmten Zyklusanzahl. Mit dieser Quantifizierung wurden schließlich Vergleichsmöglichkeiten geschaffen (Zeitvergleich).

Aber diese Maßstäbe (als bestimmte Zyklen und periodische Abläufe) sind in der Natur eingebettet, es sind selbst materielle Bewegungsformen. Wenn sich Bedingungen verändern, so können sich auch diese Maßstäbe verändern (so verändert sich die Periode der Erdrotation usw.), die Zyklen sind also nicht konstant. Qualitativ bestimmt auch ein Raum gewisse Bedingungen für die Objekte und die Prozesse in ihm. Das Gravitationsfeld ist mit jeglicher Materie verbunden welche Masse trägt. Wenn dann dem Gravitationsfeld die Bedeutung eines Raumes zukommt, welcher Bedingungen für alle Prozesse in ihm festlegt, so wird dieser Raum auch Einfluss auf periodische Abläufe haben, also Einfluss auf den Zeitmaßstab und Einfluss auf die Zeit haben.

Aber hier haben wir schon etwas vorgegriffen, denn wir wissen ja noch nicht was Zeit ist. Bislang haben wir sie nur als einen (i.a. veränderlichen) Maßstab kennengelernt. Wir fahren fort: Der Mensch erkannte nun weitere periodische Abläufe in der Natur, so z.B. auch in der Biologie. Schließlich lassen sich zahlreiche periodische Abläufe im Mikro- und im Makrokosmos, sowohl in der belebten als auch in der unbelebten Natur finden.

Im Mikrokosmos denken wir dabei an die Rotationen und Schwingungen der Moleküle, was auch im Zusammenhang mit dem Elektronen- und dem Kernspin zu sehen ist, an Formschwingungen von Atomkernen usw.

Wichtig ist, dass diese Zyklen nicht isoliert voneinander sind, sondern voneinander abhängen. So bestimmt z.B. der Tag-Nacht-Rhythmus wieder andere biologische Rhythmen in uns. Ein Zyklus ist in andere Zyklen eingebunden, es besteht eine Hierarchie von Zyklen. Aber besteht das Wesen der Zeit nur in (voneinander abhängigen) Zyklen?

Mit dem Begriff Zeit verbinden wir doch auch eine Zeitrichtung. Man stellt fest, dass es in der Natur Prozesse gibt, die immer in nur einer Richtung ablaufen und welche sich nicht umkehren lassen (Irreversibilität). So kann eine Tasse zerschellen, wenn sie zu Boden fällt, aber sie wird sich nicht von selbst wieder zusammensetzen. Entwicklungsprozesse in der belebten und unbelebten Natur, sowohl im Mikro- als auch im Makrokosmos, laufen in einer bestimmten Richtung ab, vom Entstehen bis zum Vergehen des jeweiligen Systems. Man denke in der Physik etwa an das Entstehen und Vergehen von kosmischen Systemen (z.B. Sternen und Galaxien) und an den Zerfall eines Elementarteilchens oder den radioaktiven Zerfall als „Alterungsprozess". Gewissermaßen ist hier auch die Eigenschaft einer Wiederholung enthalten, denn diese Prozesse laufen immer in dieser einen Richtung ab, nicht umgekehrt. Was wir also als Richtung der Zeit bezeichnen, ist nichts anderes als die Entwicklungsrichtung oder die Richtung einer Veränderung, wir bezeichnen damit die Irreversibilität von Naturvorgängen.

Auch der Mensch durchläuft einen Entwicklungs- bzw. Alterungsprozess. Dieser Prozess hängt von äußeren Bedingungen ab, gleichwohl hängt er aber auch mit zahlreichen inneren Rhythmen und Entwicklungsprozessen zusammen. Es werden immer auch innere Prozesse, z.B. periodische Abläufe, den Entwicklungsprozess mitbestimmen. Bei einer Materialalterung wären es z.B. auch innere Ausgleichsprozesse. Wir könnten weitere Beispiele aus der Kosmologie und Atomphysik anbringen.

Wir stellen also fest, dass es für ein endliches System charakteristische Zyklen und Entwicklungsprozesse gibt, wobei die Zyklen und Entwicklungsprozesse untereinander und auch miteinander im Zusammenhang stehen. Das Wesen der Zeit äußert sich damit in diesen charakteristischen Prozesszusammenhängen und für die Zeitmessung selbst wird auch wieder der ein oder andere periodische Ablauf genutzt.

Wenn nun diese charakteristischen Zyklen oder periodischen Abläufe in der Natur schneller oder langsamer ablaufen oder die Entwicklungsprozesse beschleunigt oder verzögert werden, so sagen wir, dass die Zeit schneller oder langsamer vergeht. Dies bringen wir dann mit der Lebensdauer eines Systems in Verbindung.

Eine Zeitdehnung würde eine Streckung sämtlicher Zeitintervalle (unabhängig von der stofflichen Zusammensetzung) beinhalten. Das bedeutet aber nicht nur, dass dann die Uhren langsamer gehen, es würden sich dann auch weitere Periodendauern vergrößern, ein Alterungsprozess würde verlangsamt werden, speziell würde dann auch die Zerfallsdauer eines Elementarteilchens vergrößert werden usw. Eine Zeitdehnung erfasst also nicht nur die ein oder andere spezielle Bewegungsform, sondern jede beliebige charakteristische Bewegungsform des Systems, wovon die Lebensdauer des Systems abhängt.

In der Relativitätstheorie wurde nun gezeigt, dass der Zeitablauf eines jeden Systems vom Raum abhängt, speziell vom Bewegungszustand in ihm (Geschwindigkeit und Beschleunigung des Systems) und vom Gravitationsfeld. So wird in Abhängigkeit von der Geschwindigkeit, von der Masse bzw. Massedichte, in Abhängigkeit von Rotation und Ladung die Zeit mehr oder weniger gedehnt.

In einem veränderlichen Gravitationsfeld verändern sich auch die Raum- und Zeitmaßstäbe, insbesondere verändern Uhren ihre Ganggeschwindigkeit, aber nicht nur die Uhren, sondern auch der Zeitablauf selbst wird verändert (d.h. auch andere Periodendauern werden unabhängig von der konkreten Materieform verändert).

Was ist also Zeit? Wir haben gesehen, dass wir offenbar nicht nur die Zeitmessung mit dem Begriff Zeit verbinden, dass wir sie nicht nur als Maßstab auffassen. Weiter haben wir gesehen, dass die Zeit selbst durch Zyklen und Entwicklungsprozesse bestimmt wird und dass sie relativ ist und insbesondere vom Raum abhängt. Ausgehend davon, dass wir allgemein gesehen nichts weiter als die sich bewegende Materie vor uns haben, sind also auch Raum und Zeit nur bestimmte Existenzformen der sich bewegenden Materie, wobei sich daraus ein untrennbarer Zusammenhang zwischen Raum, Zeit, Materie und Bewegung ergibt.

Die Zeit ist also eine universelle (bezieht sich auf Mikro- und Makrokosmos sowie auf die belebte und unbelebte Natur), relative, vom Raum und vom Bewegungszustand abhängige Existenzform der Materie, welche durch charakteristische Zyklen bzw. periodische Abläufe (bedingt durch Wechselwirkungen) und irreversible Entwicklungsprozesse (Zeitrichtung), welche untereinander und miteinander im Zusammenhang stehen, gekennzeichnet wird. Der

Zeitwert quantifiziert Ereignisse (vergangene, gegenwärtige und zukünftige Ereignisse) und ist weiterhin ein (i.a. veränderliches Maß) für eine Bewegung, Entwicklung und Veränderung. Materie, Bewegung, Raum und Zeit existieren stets im Zusammenhang. Die Kausalität bleibt stets gewahrt und es gibt keine Zeitumkehr.

Wir werden an geeigneter Stelle noch genauer auf die in diesem Kapitel angesprochenen Zusammenhänge zu sprechen kommen.

2 Zeiten, Zyklen und Prozesse in der belebten und unbelebten Natur

Es gibt überall in der Natur zyklische Abläufe und Prozesse des Entstehens und Vergehens der unterschiedlichsten materiellen Objekte, vom Elementarteilchen bis zur Galaxie, was auf unterschiedlichen Wechselwirkungen beruht und von Bedingungen abhängt. Wir wollen diese Zusammenhänge an einigen Beispielen in der Physik und Biologie erläutern.

2.1 Elementarteilchen-, Kern- und Atomphysik

Wir haben als ein Charakteristikum der Zeit Entwicklungsprozesse herangezogen. Was ist aber der Entwicklungsprozess für ein Elementarteilchen? Dieser Prozess beinhaltet zum einen den Entstehungsprozess und zum anderen den Zerfallsprozess des Elementarteilchens. Der Zerfallsprozess ist gewissermaßen der Alterungsprozess für ein Elementarteilchen. Elementarteilchen können auf verschiedene Weise entstehen oder zerfallen. Speziell kommt als Entstehungsprozess auch eine Entstehung aus dem Vakuum in Frage, wenn das elektromagnetische Feld bzw. das Gravitationsfeld stark genug ist. Die unterschiedlichen Zerfallszeiten oder Zerfallsvarianten der Elementarteilchen weisen auch auf eine Struktur und auf Prozesse innerhalb eines jeden Elementarteilchens hin. Hyperonen und Mesonen zerfallen in Zeiten von $10^{-16}s$ bis $10^{-8}s$. Einige Elementarteilchen sind stabil, jedoch haben sie im Zusammenhang mit entsprechenden Wechselwirkungen ebenfalls eine begrenzte Lebensdauer (Genau genommen hat jedes endliche System auch eine endliche Lebensdauer, wir kommen darauf noch zurück). Elektronen und Photonen sind z.B. solche stabilen Elementarteilchen. Trotzdem kann ein Elektron-Positron Paar vernichtet werden, d.h. sich in Gamma-Quanten, also in Strahlung umwandeln und umgekehrt kann bei Vorhandensein der entsprechenden Energie der Gammastrahlung ein Elektron-Positron Paar entstehen (Paarerzeugung). Vor der Paarvernichtung beginnen sich beide Teilchen in einer immer enger werdenden Spirale zu umkreisen. Sie bilden dann ein besonderes System, welches man *Positronium* nennt. Je nachdem, ob die Spins der beiden Teilchen zueinander parallel oder antiparallel sind, nennt man es Orthopositronium oder Parapositronium, wobei das erstere eine Lebensdauer von $10^{-7}s$ und das letztere eine Lebensdauer von nur $10^{-10}s$ hat.
Weiterhin gibt es auch angeregte Zustände der Elementarteilchen, die *Resonanzen*, welche eine sehr kurze Lebensdauer (mittlere Lebensdauer von $10^{-23}s$) haben und welche der starken Wechselwirkung unterliegen. Zum Beispiel sind die Delta-Teilchen angeregte Zustände der Nukleonen. Beim Übergang der Delta-Teilchen in den Grundzustand wird der Energieüberschuss in Form von Pionen frei. Weiterhin ist die Erzeugungs- und die Zerfallszeit bei den sogenannten *seltsamen Teilchen* ganz unterschiedlich. So ist die Lebensdauer der Hyperonen 10^{13} mal länger als ihre Erzeugungsdauer.
Spezifische Schwingungen kann man auch in der Kernphysik betrachten. Zum Beispiel führen elliptische Atomkerne charakteristische Formschwingungen aus, wobei ein kugelförmiger Mittelteil in Ruhe bleibt. Ein anderer Schwingungstyp der Nukleonen sind die Dipolschwingungen. In der Molekülphysik untersucht man Rotationen und Schwingungen der

Moleküle. Dabei setzt sich der resultierende Drehimpuls aus dem Elektronenspin, dem Bahndrehimpuls der Elektronen und dem Moleküldrehimpuls zusammen (außerdem wird auch der Einfluss des Kernspins untersucht). Bei zweiatomigen Molekülen ist das einfachste Modell ein starrer Rotator (Hantelmodell). Dem resultierenden Drehimpuls kommt eine Quantenzahl zu, mit dessen Hilfe er sich berechnen lässt. Das Verhältnis dieses Drehimpulses zum Trägheitsmoment des Moleküls bestimmt die Kreisfrequenz der Molekülrotation. Ein Atom in einem Molekül schwingt typischerweise in $10^{-14}s$ bis $10^{-13}s$ Sekunden hin und her.

2.2   Festkörperphysik

Auch Materialien altern, wobei altersbedingte Veränderungen auch als Zeitmesser dienen. Sauerstoff beschleunigt die Alterung vieler Materialien (Korrosion). Organische Polymere altern schon im Sonnenlicht sehr schnell. Das sieht man u.a. an einer oberflächlichen Entfärbung. Zudem werden Polymere bei Bestrahlung schnell brüchig, da chemische Bindungen zerreißen.
Bei der Ausscheidungshärtung kommt es zu Verzerrungen, welche das Wandern der Versetzungen erschweren, wodurch es zur Härtung des Materials kommt. Materialien ermüden, wenn sie wechselnden mechanischen Belastungen ausgesetzt sind. Auch die Temperatur kann eine künstliche Alterung beschleunigen. Der radioaktive Zerfall des Kohlenstoff-Isotops ^{14}C ist ebenfalls eine Art Alterungsprozess und erlaubt eine Altersbestimmung z.B. von archäologischen Funden und von Gesteinsschichten. Eine Materialalterung lässt sich wie eine Reise zu einem verlorenen Gleichgewicht ansehen, von sehr kleinen Zeiträumen bei einigen radioaktiven Elementen bis zu ganzen Zeitaltern beim Diamant [5].

2.3   Astrophysik: Kosmogonie und Kosmologie

Betrachten wir zunächst einige Zusammenhänge der Sternentstehung und Entwicklung (Kosmogonie). Zunächst geben wir einige Entwicklungsstufen an. Zur extremen Population 1 zählen Sterne der Spektralklassen O und B (blaue Sterne hoher Temperatur), sehr junge galaktische Sternhaufen und Assoziationen, kosmischer Staub und neutraler interstellarer Wasserstoff. Zur Population 1 zählen gewöhnliche Sterne der Spektralklassen A-F, galaktische Sternhaufen und rote Überriesen. Zur Population 2 zählen weiße Zwerge und viele Klassen veränderlicher Sterne. Zur extremen Population 2 gehören Kugelsternhaufen und Unterzwerge. Wir betrachten nun die Entstehung und Entwicklung der Sterne. Sterne entstehen durch Kondensation interstellarer Materie. Es ist aber auch auf andere Entstehungsmöglichkeiten hingewiesen worden, welche ebenfalls auftreten können: Sterne (und Sternsysteme) entstehen aus dichter oder überdichter Materie durch aufeinanderfolgende Teilung der Materie, explosionsartig oder durch Zerfall.

Bei einer Zusammenziehung des Sterns wandelt sich die potentielle Gravitationsenergie in Wärme um und führt zur Aufheizung des Sterns. Es setzen thermonukleare Reaktionen ein. Leichte Elemente (Lithium, Beryllium) und Deuterium werden zerstört, Wasserstoff wandelt sich in Helium um (Kernfusion). Bei noch höheren Temperaturen wandelt sich Helium in Kohlenstoff um. Massereiche Sterne entwickeln sich schnell. Das Stadium der roten Riesensterne ist dadurch gekennzeichnet, dass die äußeren Schichten expandieren, während sich im inneren ein dichter Heliumkern gebildet hat. Durch Stoß von Quanten mit Elektronen werden ständig irreversibel Neutrinos erzeugt, die dem Stern (wenn die Dichte nicht zu hoch ist) Wärmeenergie entziehen. Je geringer die Masse des Sterns, umso größer ist seine Lebensdauer. Erst bei einer bestimmten Größe der Masse können thermonukleare Reaktionen einsetzen, die den Innendruck vergrößern. Andererseits wird mit Vergrößerung der Masse auch der eigene Gravitationsdruck vergrößert. Der Energietransport vom Sterninneren nach außen geschieht durch Strahlung, Wärmeleitung und Konvektion.

Wenn nun die Gravitationskraft an Dominanz gewinnt, der innere Druck nicht zu stark ansteigt, wird sich ein Stern weiter verdichten können. Die Atome werden dabei ionisiert und es entsteht zunächst ein nichtrelativistisches und mit weiterer Verdichtung ein relativistisches entartetes Elektronengas. Mit weiterer Verdichtung werden die Kerne neutronenreich, weil die Protonen die Elektronen einfangen. Es entsteht ein freies Neutronengas und mit weiterer Verdichtung entsteht auch Hadronenmaterie (Mesonen und Hyperonen) und die Neutronen werden relativistisch (entartetes Neutronengas). Bei nicht zu großer Masse kommt es bei hohen Dichten (größer als die Kerndichte) zu einer nach außen gerichteten Stoßwelle. Das Zentralgebiet expandiert etwas und bildet einen Neutronenstern.

Reicht der Entartungsdruck der Elektronen und Neutronen nicht mehr aus, der gravitativen Anziehung das Gleichgewicht zu halten, so soll die Materie unaufhaltsam in sich zusammenstürzen und ein schwarzes Loch bilden. Hierbei wird ein beachtlicher Teil der Ruhenergie in Form von elektromagnetischer und gravitativer Strahlung abgegeben.

Es liegt aber das Folgende nahe: Wegen der Entstehung neuer Teilchen sowie der Entstehung von Strahlung und aufgrund weiterer Quanteneffekte, wie die Entstehung von Teilchen aus dem Vakuum usw. werden jedoch weitere innere, ansteigende Drücke beim Verdichtungsprozess erzeugt, die ein unaufhaltsames Zusammenstürzen verhindern können, sodass der überdichte Materiezustand eines schwarzen Loches nicht zustande kommen kann.

Wie war es nun möglich, dass sich Galaxien, Galaxienhaufen usw. bilden konnten (die ja schließlich wichtige Strukturen im Kosmos sind)? Hierzu gibt es im Wesentlichen 2 Theorien. Die adiabatische Theorie besagt, dass die Galaxien durch Fragmentation gasförmiger Protogalaxienhaufen entstanden sind. Nach der hierarchischen Theorie sind die Galaxien durch gravitative Klumpung primordialer Kugelsternhaufen entstanden. Bei der Erklärung der Strukturbildung geht man davon aus, dass der Urkosmos zufällige Dichteschwankungen aufwies, die später dafür verantwortlich waren, dass sich Galaxien und Galaxienhaufen bilden konnten. Die Dichteschwankungen hatten unterschiedliche Abmessungen. Der Urkosmos rauschte. Die Dichtestörungen schaukeln sich bis zu einem bestimmten Wert auf. Es gibt verschiedene Rauschanteile. Phasen und Richtungen der sich überlagernden Rauschanteile sind rein zufällig. Man unterscheidet zwischen einer isothermen und einer adiabatischen Dichtestörung. Bei einer isothermen Dichtestörung haben wir eine räumlich konstante Temperatur und die Störungen bleiben ungedämpft. Nach erfolgter Entkopplung kann sich das gesamte Fluktuationsspektrum losgelöst von den Fesseln der Strahlung frei entfalten. Die ersten nichtlinearen Strukturen, welche auf diese Art entstehen, sind von der Größe der Jeans-Masse (ungefähr 10^6 Sonnenmassen). Bei einer adiabatischen Störung entsprechen Dichteschwankungen bestimmten Temperaturschwankungen. Adiabatische Störungen verhalten sich wie Schallwellen und werden wie diese gedämpft. Die auftretenden Verluste lassen hochfrequente Anteile rasch abklingen. Es dringen daher nur niedrige Frequenzen

durch, die der Größe von Galaxienhaufen entsprechen. In der adiabatischen Theorie wird ein druckfreies Gas ohne kurzwellige Störungen betrachtet und man fragt sich, welche Gestalt die Materie unter der Wirkung der Schwerkraft annimmt. Es können aber auch durch nichtlineare Effekte (Modenkopplung) wieder Obertöne entlockt werden, woraus kleinere Strukturen (Galaxien) entstehen. Die hierarchische Theorie betrachtet Kugelsternhaufen und Galaxien die nur gravitativ wechselwirken. Es wird modelliert, wie sich die gravitative Verklumpung unter Berücksichtigung unelastischer Stöße entwickelt. Nach dem hierarchischen Modell entstehen kugelförmige Haufen, die zu immer größeren Haufen verschmelzen. Es gibt nun noch einen Effekt, welcher die Strukturbildung hemmt, nämlich die Strahlung. Die Photonen werden beim Durchgang durch die Materie an den Elektronen gestreut (Thomson-Streuung) und diffundieren aus der Materieverdichtung. Damit nun die Fluktuation nicht durch die Photonenströme "glattgebügelt" wird, muss die Diffusionszeit größer als das Weltalter zu dem betrachteten Zeitpunkt sein [6].
Betrachten wir nun weiter die adiabatische Theorie. Nach der adiabatischen Theorie entstehen großräumige Materiestrukturen (geringe Frequenzen). Die Dichtemaximas sind gekennzeichnet durch die Bildung von Filamenten und Plinsen. Die Plinsen wurden bereits von Seldovich mit seiner Theorie vom anisotropen Gravitationskollaps vorausgesagt. Die Dichteminima sind durch Löcher gekennzeichnet. Diese Löcher blähen sich immer mehr auf und bestimmen das Geschehen. Die Prozesse der Gestaltwerdung werden durch Korrelationsfunktionen modelliert. Diese ignorieren aber Phaseninformationen, weshalb sie für die adiabatische Theorie weniger geeignet sind. Ein Nachteil der adiabatischen Theorie ist, dass sich die Plinsen erst spät bilden, so dass für die Galaxienentwicklung nicht mehr genug Zeit bleibt. Einen Ausweg sollten hier die Neutrinos mit Ruhmasse bilden. Man nimmt an, dass in den Außenbereichen der Galaxien reichlich dunkle Materie vorhanden ist. Wenn diese Materie Strukturbildung bewirkt haben soll, dann durch nichtbaryonische Materie. Ein Neutrinogas ist stoßfrei, die Strukturbildung der Neutrinostrukturen wird durch die Strahlung nicht gehemmt und Neutrinostrukturen können sich lange vor den baryonischen Strukturen entfalten. Dies begründet, dass die Neutrinos großräumige Strukturen hervorbringen können. Nach der Befreiung vom Strahlungsfeld stürzen die Baryonen nur noch in die bereits vorgeprägten Potentialmulden der Neutrinostruktur. Man muss hierbei die Stoßaufheizung der baryonischen Materie beim Einfall in die Neutrinoplinse, die Kühlung durch Strahlung und die Wärmeleitung in einem 3d-Modell berücksichtigen (eine charakteristische Größe die hierbei in die Theorie eingeht, ist die Kohärenzlänge der Neutrinofluktuation). Wenn es sich um kühle Neutrinos, also um solche mit kleiner Geschwindigkeitsdispersion handelt, so können diese eine Scheibe bilden. Diese Scheibe ist gravitationsinstabil und zerbricht in Protogalaxien (Neutrinogalaxien). Es wären auch noch weitere Strukturbildner möglich, nämlich mit Teilchen, welche aus der Theorie der Supersymmetrie folgen (Photino, Gravitino). Galaxien könnten dann unmittelbar entstehen und ohne das dabei riesige Mengen interstellaren Gases anfielen. Diese Urgalaxien würden gemäß der hierarchischen Theorie zu Haufen und Superhaufen verklumpen. Die Geschwindigkeit der Strukturbildung hängt vom Weltmodell ab. In einem offenen Kosmos wird für die Strukturbildung mehr Zeit benötigt als in einem geschlossenen Kosmos. Ansonsten ist der Einfluss des Weltmodells auf die Strukturbildung nicht wesentlich [6].

Wir vermuten: Einen Urknall kann es nicht gegeben haben, da nach obigen Überlegungen solche überdichten Materiezustände nicht auftreten können (Singularitätsproblematik) und nicht die gesamte Materie auf eine Ursache zurückgeführt werden kann (dies begründen wir noch ausführlich) und des weiteren auch kein Zustand ausgezeichnet werden kann. Wir müssen vielmehr die Kombination von Teilchenentstehungs- und Vernichtungsprozessen und die Kombination von Strukturbildungsprozessen (die genannten Varianten) in einem hierarchischen Aufbau des Kosmos berücksichtigen. Wir gehen auf diese Fragestellung noch ein.

2.4 Biologie

Stoffwechselrate und Erbgut bestimmen nicht allein die Lebenserwartung eines Lebewesens. Vor allem spielt hierbei das so genannte mitotische Zählwerk eine Rolle, welches jede Zellkernteilung (Mitose) registriert [5]. Die Anzahl der Zellkernteilungen ist entscheidend. Strukturen im Schläfenlappen und im basalen Vorderhirn sind wesentlich, wenn das Gehirn Informationen dazu abspeichert oder aufruft, wann und in welcher Reihenfolge Ereignisse geschahen. Das Zeitempfinden hängt von der Aufmerksamkeit und den Gefühlen ab, die wir einem Ereignis entgegenbringen.
Es gibt viele innere Uhren im menschlichen Körper, welche den Aktivitätsrhythmus von Köper und Geist prägen. Ein Taktgeber in unserem Gehirn kann Spannen von Sekunden bis Stunden messen und eine weitere innere Uhr synchronisiert viele Körperfunktionen mit dem Tag-Nacht-Wechsel [5].
Im Gehirn gibt es periodische elektrische Potenzialschwankungen. Es sind die Alpha-Theta- (5Hz-10Hz) und Gamma-Oszillationen (40Hz). Bei einer Wahrnehmung erzeugen zuerst die Neuronen im Riechhirn die Gamma-Oszillationen. Es kommt dann zur Gedächtnisleistung, wenn anschließend im Hippokampus die gleichen Gamma-Oszillationen ausgesendet werden. Die inneren Uhren bestimmen unser Leben, sie stellen Regeln auf und setzen uns Grenzen. Die Gegenwart dauert für den Menschen 2,7s, wenn ein Ereignis länger zurückliegt empfinden wir es als ein vergangenes Ereignis.

3 Zeit und Entropie

3.1 Irreversibilität, Entropie und Zeitrichtung

Wir beobachten ein ständiges Werden und Vergehen der verschiedensten Objekte und Strukturen der unbelebten und belebten Natur. Hierbei finden Entwicklungsprozesse statt, die durch Übergänge in neue Qualitäten, hervorgerufen durch quantitative Anreicherung, unter bestimmten Bedingungen gekennzeichnet sind. Diese Entwicklungsprozesse bringen wir mit dem Begriff der Zeit, der Zeitrichtung und der Irreversibilität in Verbindung.

Diese Gerichtetheit, die Irreversibilität also, enthält nichtgerichtete Vorgänge derart, dass die Irreversibilität mit ungeordneten Bewegungen auf atomarer Ebene verbunden ist. Wir können die Entropieänderung als ein Maß für eine derartige Gerichtetheit (Umkehrbarkeit oder Nichtumkehrbarkeit) der Prozesse (aber nicht als Maß für die Unordnung) auffassen, denn bei reversiblen Prozessen bleibt die Entropie gleich und bei irreversiblen Prozessen nimmt die Entropie zu (abgeschlossenes System), wobei bei einer Entropiezunahme keine Wärme fließen muss (adiabatische freie Expansion eines idealen Gases im Vakuum).

Elementare Naturgesetze (z.B. Maxwell-Gleichungen des Vakuums, Schrödinger-Gleichung, Dirac-Gleichung) sind reversibel (mikroskopische Reversibilität). Die Brechung der zeitlichen Symmetrie geschieht durch die Vorgabe von Anfangs- und Randbedingungen. Für Makrosysteme (eine sehr große Zahl von Freiheitsgraden ist hier charakteristisch) tritt das Phänomen der Irreversibilität auf [3].

Ein Grund für die Irreversibilität liegt in Kopplung eines Systems mit seiner Umgebung (z.B. Wärmebad für ein thermodynamisches oder quantenmechanisches System, Absorptionsmedium für Strahlung). M. Planck brachte die Irreversibilität auch mit der *Ausbildung einer Zustandshierarchie* und die Reversibilität mit einer Gleichberechtigung der Zustände in Verbindung [3].

Obige Überlegungen führen zur These des Wärmetodes des Kosmos, da sich alle Temperaturunterschiede irgendwann ausgeglichen haben. Wir gehen aber davon aus, dass unser Kosmos kein abgeschlossenes System ist und in einem unendlichen Weltall eingebettet ist, welches sich stets entwickelt und verändert und welches mit unserem Kosmos in Wechselbeziehung steht. In einem solchen Weltall kann kein Wärmetod eintreten.

Entscheidend ist unserer Meinung nach nicht, dass die Entropie im Globalen anwachsen soll und sie lokal abnehmen kann und wir können im Allgemeinen die Entropie nicht als Maß der Unordnung auffassen. Es können sich jedoch je nach Bedingungen und Voraussetzungen geordnete Strukturen aus ungeordneten Strukturen und ungeordnete aus geordneten Strukturen bilden sowie Gleichgewichtszustände in Nichtgleichgewichtszustände und umgekehrt übergehen. Dies sind jedoch alles Übergänge von alten Zuständen (Qualitäten) in neue Qualitäten unter bestimmten Bedingungen. Nach einer Phase der quantitativen Anreicherung, welche jeweils zeitlich ganz unterschiedlich sein kann, kommt es zu einem Qualitätsumschlag, wobei Merkmale der alten Qualität oder des alten Zustandes auch im neuen Zustand enthalten sind bzw. mit übernommen werden.

3.2   Entropie und Information

Die Entropie hängt eng mit dem Informationsbegriff zusammen [4]. Diesen Zusammenhang werden wir hier kurz darlegen. In einem thermodynamischen System unterscheiden wir Mikrozustände, welche durch die Orte und Impulse der Atome bestimmt werden, von dem Makrozustand, welcher durch die Zustandsgrößen Druck, Temperatur und Volumen bestimmt wird. Die thermodynamische Entropie ist ein Maß für die Anzahl der Mikrozustände im Makrozustand. Ist die Information über den Makrozustand bekannt, so ist die Entropie ein Maß dafür, welche Information man noch durch die zusätzliche Kenntnis der Mikrozustände gewinnen könnte. Entropie ist danach potentielle Information.

Mit der Anzahl der Mikrozustände nimmt die aktuelle Information über die Mikrozustände ab, aber die im Makrozustand enthaltene potentielle Information nimmt zu. Ist k die Anzahl der Mikrozustände, so erhalten wir für die potentielle Information im Makrozustand:

$$H = \operatorname{ld} k \tag{3.1}$$

Dies ist aber gleichbedeutend mit der Entropie. Im thermodynamischen Gleichgewicht liegt eine maximale Anzahl k_{max} von Mikrozuständen vor, weshalb sich damit eine maximale Entropie H_{max} ergibt.

Die aktuelle Information über die Mikrozustände, welche man aus dem Makrozustand ableiten kann, ergibt sich zu

$$I_{aktuell} = H_{max} - H = \operatorname{ld}\!\left(\frac{k_{max}}{k}\right). \tag{3.2}$$

Im thermodynamischen Gleichgewicht ist die aktuelle Information am kleinsten und die potentielle Information am größten. Betrachten wir nun als nächstes Beispiel eine Anzahl von einander ausschließenden Ereignissen, welche mit den Wahrscheinlichkeiten p_i vorliegen. Je wahrscheinlicher das Ereignis zuvor war, desto geringer ist folglich der Neuigkeitswert, welcher durch $-\operatorname{ld} p_i$ gegeben ist. Der Erwartungswert des Neuigkeitswertes ist aber potentielle Information und ergibt sich damit zu:

$$H = -\sum_i p_i \operatorname{ld} p_i \tag{3.3}$$

Dies ist aber gerade die Shannon-Entropie. Die Entropie ist also i.a. als potentielle Information zu begreifen und nicht als Maß der Unordnung. Man kann zeigen, dass die Evolution als Wachstum einer geeignet definierten potentiellen Information (Wachstum der Entropie) erklärt werden kann [4].

4 Endlichkeit und Unendlichkeit von Raum, Zeit, Materie und Bewegung sowie Konsequenzen für die Kosmologie

Wir haben gesehen, dass die Zeit kein besonderes Phänomen ist, welches außerhalb der Materie steht, dass die Zeit selbst durch Bewegungsformen bestimmt wird und das wir eben auch solche Bewegungsformen für die Zeitmessung nutzen können. Wenn wir sagen, dass die Zeit vergeht, dann meinen wir insbesondere das Andauern der Zyklen und den Fortgang der Entwicklungsprozesse und dass beliebige Prozesse immer wieder mit gewissen periodischen Abläufen messbar sind. Hierin drückt sich eine Form der Kontinuität der Zeit aus. Die zyklischen Abläufe verändern aber i.a. ihre Perioden und Entwicklungsprozesse sind auch durch Diskontinuitäten, durch qualitative Sprünge gekennzeichnet (z.B. Entstehen und Vergehen eines Systems). Wir können allgemein feststellen, dass nach einer quantitativen Anreicherung, wenn bestimmte Voraussetzungen erfüllt sind, ein Qualitätsumschlag erfolgt. Davon ausgehend ist also ein Charakteristikum der Zeit durch einen fortwährenden Wechsel von Kontinuität und Diskontinuität gekennzeichnet. Dies ist ein allgemeines Merkmal der Abläufe in der Natur. Unter einem Zeitkontinuum wird aber i.a. verstanden, dass sich die Zeit (eine Zeitspanne) im Prinzip in immer kleinere Intervalle einteilen lässt. Eine untere Grenze dieser Einteilung wäre durch die Planck-Zeit gegeben. Eine untere Grenze für die Einteilung einer Länge ist durch die Planck-Länge gegeben. In diese Konstanten gehen aber die Gravitationskonstante, die Plancksche Konstante und die Lichtgeschwindigkeit ein. Wie wir in unserem Beitrag [2] ausführten, kann es jedoch Bedingungen geben (z.B. im Zusammenhang mit Wechselwirkungen und Quanteneffekten und in Grenzbereichen), welche zur Veränderung derartiger Konstanten führen, sodass die unteren Grenzen für die Länge und die Zeit auch wieder nur relative Grenzen darstellen.

Jedes endliche System in der Natur beinhaltet bestimmte Wechselwirkungen seiner Bestandteile und zeigt Wechselwirkungen mit seiner Außenwelt, wobei es unterschiedliche Arten und Stärken dieser Wechselwirkungen gibt. Diese Wechselwirkungen bestimmen die ablaufenden Zyklen, Systemveränderungen und Entwicklungsprozesse und damit auch die Lebensdauer des Systems. Daraus folgt, dass jedes endliche materielle System in Abhängigkeit von seinen Umgebungsbedingungen eine endliche Lebensdauer besitzt. Diese Lebensdauern können gemessen an unseren Maßstäben extrem klein oder auch extrem groß sein (je nach System und Umgebungsbedingungen).

Danach besteht also für jedes endliche System im Mikro- und im Makrokosmos, in der belebten und in der unbelebten Natur eine endliche Lebensdauer.

Gibt es aber trotzdem auch eine Unendlichkeit in der Zeit? Unter einer Unendlichkeit in der Zeit verstehen wir, dass jenes Entstehen und Vergehen der verschiedensten materiellen Systeme unbegrenzt andauert. Das würde auch bedeuten, dass sich die Materie aus sich selbst heraus bewegt, entwickelt und verändert. E. Kant zeigte mit einer Aporie, dass der heutige Zeitpunkt nie eintreten würde, wenn die Welt unendlich in der Zeit wäre.

Doch wenn wir zu irgendeinen definierten Zeitpunkt in die Vergangenheit zurückgehen und es sei dabei gleich, wie weit wir zurückgehen, so ist eine endliche Zeit bis zum heutigen Zeitpunkt vergangen. Wir behaupten: Bewegung, Entwicklung und Veränderung gab es schon immer und wird es immer geben. Wir können aber die Widersprüche, welche sich mit der Annahme einer Unendlichkeit in der Zeit ergeben nur dann auflösen, wenn wir auch die Endlichkeiten in der Zeit in die Analyse mit aufnehmen. Wir betrachten hierzu das folgende Beispiel: Vor einer endlichen Zeit ist unsere Erde entstanden und irgendwann wird sie nicht mehr bestehen. Vor einer endlichen Zeit ist auch unser Sonnensystem entstanden (zu dem die Erde gehört) und irgendwann wird es nicht mehr bestehen. Vor einer noch weiter zurückliegenden endlichen Zeit ist auch unsere Galaxis entstanden (zu dem unser

Sonnensystem gehört) und auch diese Lebensdauer ist begrenzt usw. Wir können also in dieser Hierarchie (Galaxien, Galaxienhaufen, Superhaufen usw.) immer weiter aufsteigen und eben auch in der Hierarchie der Bewegungen und der Zeiten (Lebensdauern). Damit wird unserer Meinung nach eine Unendlichkeit in der Zeit bestehen, wobei aber jedes endliche System endlich in der Zeit ist (endliche Lebensdauer). *Mit Hilfe dieser Dialektik zwischen Unendlichen und Endlichen und der zeitlichen (und räumlichen) Hierarchien und der begrenzten Lebensdauern der einzelnen endlichen Systeme löst sich schließlich die Aporie von Kant.*

Die Unendlichkeit in der Zeit hängt also damit zusammen, dass die Materie ständig in Bewegung existierte, existiert und immer weiter in Bewegung existieren wird. Warum dies so sein muss, ist einfach zu erklären, denn in der Natur gibt es immer wieder Unterschiede und Gegensätze sowie diverse Arten von Wechselwirkungen, wobei Gleichgewichtszustände in Nichtgleichgewichtszustände und umgekehrt übergehen. Diese Prozesse halten ständig die Bewegung der Materie aufrecht, aber auch Bedingungen können sich immer wieder verändern.

Um die Frage nach der Unendlichkeit in Raum und Zeit vollständig zu beantworten, müssen wir zunächst der grundsätzlichen Frage nachgehen, ob es einen gemeinsamen Ursprung, eine Art erste Ursache, für Alles was uns umgibt, für Alles was wir erkannt und noch nicht erkannt haben, überhaupt geben kann.

Wenn es immer wieder materielle Ursachen gibt und ein Gesamtzusammenhang der Materie existiert, so müssen wir folgern, dass die Materie unendlich und unerschöpflich ist. Dann liegt die Materie also schon in ihrer Unendlichkeit vor (aktuale Unendlichkeit), sie ist dann also nicht entstanden und ihre Existenz wird nicht aufhören und sie bewegt, entwickelt und verändert sich demzufolge aus sich selbst heraus (aufgrund der Unterschiede und Gegensätze sowie der innewohnenden Wechselwirkungen).

Wir begründen diesen Standpunkt noch genauer:

Zunächst ist offensichtlich, dass aus einem absoluten Nichts niemals etwas Materielles entstehen kann. Man spricht zwar von einer Entstehung aus dem Nichts (Quantenvakuum), aber dies ist eben auch kein absolutes Nichts. Die Entstehung von Teilchen aus dem Vakuum bedeutet keinerlei Entstehung aus einem Nichts. Aber wir wissen genauso, dass bei den verschiedensten Reaktionen, Zerfällen, Wechselwirkungen und Umwandlungen jeglicher materieller Objekte keinerlei Nichts entstehen kann. Wir wissen jedoch, dass dann immer weitere, neue Materieformen entstehen. *Wir halten damit fest, dass aus dem Nichts niemals Materie entstehen kann, aber Materie auch niemals zu Nichts vergehen kann.* Damit ist es einsichtig, dass es lediglich die sich (in Raum und Zeit) bewegende Materie gibt. Diese Aussage können wir auch mit dem Erhaltungssatz von Masse und Energie einwandfrei bestätigen, denn Energie geht danach nie verloren, sondern es gibt nur die Umwandlung einer Energie- und Bewegungsform in eine andere. Aber auch die Zurückverfolgung von Kausalitätsketten bringt uns zur Einsicht, dass die unendliche Materie vorhanden ist. Denn jede Ursache lässt sich wieder als Wirkung auffassen, welche wiederum ein oder mehrere Ursachen hat und so lässt sich das immer weiter zurückverfolgen, also gibt es keine erste Ursache.

Weiterhin ist es wegen der Heisenbergschen Unschärferelation niemals möglich, dass der Wert eines Feldes und seine Änderungsrate gleichzeitig zu Null werden. Das bedeutet ebenfalls, dass es nirgendwo ein „Nichts" geben kann und dies heißt, dass selbst im Vakuum unendlich viele Teilchen (virtuelle Teilchen) enthalten sind. Wir folgern aus allen diesen Tatsachen, dass die sich ständig bewegende Materie überall vorliegt. Da aber Raum und Zeit lediglich Existenzformen der sich bewegenden Materie sind, so kann man von einer Unendlichkeit in Raum und Zeit sprechen, wobei aber diese Unendlichkeiten aus (unendlich vielen) Endlichkeiten (hierarchisch) zusammengesetzt sind.

Wir können damit auch keinen Ort und keinen Zeitpunkt und keine Materieform besonders auszeichnen. Die sich bewegende Materie und damit ihre Existenzformen Raum und Zeit liegen also schon immer und überall im Zusammenhang vor und werden immer weiter existieren, sie sind also nicht entstanden und werden auch nicht vergehen!

Die Materie ist damit unendlich und unerschöpflich. Ein unendlich ausgedehntes System existiert also auch unendlich lange, aber die unendlich vielen endlichen Systeme in ihm haben alle eine begrenzte Lebensdauer.

Für die Kosmologie bedeutet dies, dass unser Kosmos, als ein begrenztes kosmisches System, nicht der einzige Kosmos sein kann, dass das Weltall als Ganzes mehr ist als unserer Kosmos, ja dass es unendlich ausgedehnt sein muss. Wir bezeichnen in diesem Sinne die Welt als Ganzes bzw. das Weltall als Ganzes kurz als Weltall.

Ein unendlich ausgedehntes System (Weltall) kann damit nicht entstanden sein, es liegt in seiner unendlichen Ausdehnung einfach vor. Einen Urknall für das gesamte Weltall (für ein unendliches Multiversum) kann es also nicht gegeben haben.

Aber auch wenn wir nur von unserem Kosmos sprechen, müssen wir seine Entstehung und Entwicklung durch Teilchenentstehungs- und Vernichtungsprozesse, durch die bestimmenden Komponenten („Staub" der Galaxien, dunkle Materie, Strahlung, Vakuumenergie), durch Strukturbildungsprozesse, Wechselwirkungen usw. beschreiben. Einen Anfangszustand können wir hierfür angeben, aber nach unseren Überlegungen kann dieser Zustand kein absoluter Anfang und kein Urknall sein. Der Anfangszustand ist vielmehr ein „normaler" Anfangszustand für ein größeres kosmisches System, welches wir Kosmos oder Universum nennen. Ein Urknall bringt auch viele Probleme mit sich z.B. Singularitätsproblematik, Horizontproblem, Flachheitsproblem, Auszeichnung eines Anfanges in Raum und Zeit, Alterskonflikte mit anderen kosmischen Systemen usw., wenn man auch versucht hat, diese Probleme mit weiteren Theorien zu lösen.

Wir können in dieser Abhandlung nicht auf alle diese Probleme eingehen. Wir müssen also unseren Kosmos (Universum) als ein endliches kosmisches System mit einer endlichen Lebensdauer betrachten, was sich in einem hierarchischen Aufbauprinzip einordnet (also ähnlich wie andere kosmische Systeme) und in einem unendlichen Weltall (unendliches Multiversum) eingebettet ist.

Nach diesen philosophisch-physikalischen Überlegungen gab es keinen Anfang für Alles (für die gesamte Materie in einem unendlichen Multiversum) und es wird auch niemals ein Ende für Alles geben, denn die Materie ist unendlich und unerschöpflich.

Das Unendliche enthält das Endliche (unendlich viele endliche Systeme) aber auch im Endlichen ist unendlich Vieles in gewisser Weise enthalten, wobei die physikalischen Größen stets endlich bleiben. In dieser Dialektik müssen wir den Zusammenhang zwischen dem Unendlichen und Endlichen stets sehen.

Die ausführliche Begründung und Diskussion dieses Standpunktes müssen wir auf einen späteren Beitrag verschieben.

5   Speziell- und allgemein-relativistische Zeitverschiebung

Eine Konsequenz der Relativitätstheorie ist die Veränderung der Geschwindigkeit des Zeitablaufes. So tritt eine Zeitverschiebung in Abhängigkeit vom Bewegungszustand des Bezugssystems (seiner Geschwindigkeit und Beschleunigung) und in Abhängigkeit vom Gravitationsfeld auf. Diese Effekte der Zeitdehnung sollen im Folgenden beschrieben werden. Auf alternative Erklärungsmöglichkeiten gehen wir später ein.

Ausgehend von der nichtgekrümmten Raum-Zeit (Minkowski-Raum) und von den speziellen Lorentz-Transformationen erläutern wir zunächst die speziell-relativistische Zeitdehnung und ausgehend von der gekrümmten Raum-Zeit (4-dimensionaler Riemann-Raum) erläutern wir die allgemein-relativistische Zeitdehnung, also die Zeitverschiebung im Gravitationsfeld. Wir wollen anschließend den Rahmen dieser rein geometrischen Begründung für die relativistischen Effekte und insbesondere für die Zeitverschiebung verlassen und wollen uns fragen, welche Wechselwirkungen zwischen den Feldquanten der beteiligten Felder für diese Effekte maßgebend sein können.

5.1   Die Raum-Zeit und der Zusammenhang zwischen Koordinaten- und Eigenzeit

Wir wollen den Effekt der speziell-relativistischen Zeitdehnung und insbesondere den Zusammenhang zwischen Eigenzeit und Koordinatenzeit aus dem Zusammenhang von Raum und Zeit und dem Grenzcharakter der Lichtgeschwindigkeit ableiten. Für den Zusammenhang zwischen Raum und Zeit erhält man in der speziellen Relativitätstheorie das folgende 4d-Linienelementquadrat:

$$ds^2 = -(dx^0)^2 + (dx^1)^2 + (dx^2)^2 + (dx^3)^2 \qquad (5.1)$$

Man kann sich diesen Zusammenhang verdeutlichen, indem man zunächst von der Gleichung der Lichtausbreitung im Vakuum ausgeht und anschließend ein 4d-Linienelement einführt.

Die Raumkoordinaten werden hierin mit $x^1 = x$ $x^2 = y$ und $x^3 = z$ bezeichnet. Die Zeitkoordinate wird mit der Lichtgeschwindigkeit c verbunden. Damit ergibt sich eine vierte Dimension (das Differenzial derselben) zu:

$$dx^0 = c \cdot dt \qquad (5.2)$$

Im Linienelement (5.1) sind also Raum und Zeit zu einer vierdimensionalen Raum-Zeit verschmolzen. Für die Lichtausbreitung erhalten wir für das obige Linienelement $ds^2 = 0$, die Ereignisse liegen dann lichtartig zueinander. Für eine Bewegung mit Unterlichtgeschwindigkeit $v < c$ erhalten wir $ds^2 < 0$ (Ereignisse liegen zeitartig zueinander). Für diesen Fall wird die Eigenzeit τ (Zeitanzeige in dem betreffenden Bezugssystem) eingeführt, mit der sich das 4d-Linienelement zu

$$ds = i \cdot c \cdot d\tau \qquad (5.3)$$

ergibt. Wir erhalten also für diesen Fall eine Weltlinie mit einer imaginären Länge. Es ist also

$$ds^2 = -c^2 \cdot d\tau^2.$$

Aus der Invarianz des 4d-Linienelementes ergibt sich auch eine Invarianz der Eigenzeit.

Will man Raum und Zeit gleichberechtigt behandeln, so würden wir aber ein Linienelementquadrat der Form

$$ds^2 = (dx^1)^2 + (dx^2)^2 + (dx^3)^2 + (dx^4)^2 \qquad (5.4)$$

erwarten. Man kann dies so aufschreiben, wenn man eine imaginäre Koordinate

$$dx^4 = i \cdot c \cdot dt \qquad (5.5)$$

einführt. Die Koordinaten x^1, x^2, x^3, x^4 werden als Minkowski-Koordinaten bezeichnet. Die Ersetzung des Linienelementes und der vierten Dimension durch die Ausdrücke mit den entsprechenden Zeiten ergibt:

$$-c^2 d\tau^2 = (dx^1)^2 + (dx^2)^2 + (dx^3)^2 - c^2 dt^2 \qquad (5.6)$$

Hieraus erhalten wir nach einigen Umformungen und wenn wir noch beachten, dass sich das Quadrat der Geschwindigkeit zu

$$v^2 = \frac{(dx^1)^2 + (dx^2)^2 + (dx^3)^2}{dt^2} \qquad (5.7)$$

ergibt, den folgenden Zusammenhang zwischen Eigenzeit und Koordinatenzeit:

$$d\tau = dt \cdot \sqrt{1 - \frac{v^2}{c^2}} \; . \qquad (5.8)$$

Die Eigenzeit ergibt sich daraus durch Integration, sie hängt von der durchlaufenen Weltlinie ab und ihr Differenzial ist damit kein vollständiges Differenzial. Beim Durchlaufen eines Bezugssystems von bestimmten Beschleunigungsphasen und Phasen der gradlinig-gleichförmigen Bewegung ergeben sich bestimmte Zeitverschiebungseffekte. Diese Dehnung der Zeitintervalle führt auch dazu, dass die Uhren in dem betreffenden Bezugssystem langsamer gehen, was ein Zurückbleiben der Zeitanzeige, also eine kleinere Eigenzeit bedeutet.
Den Zusammenhang zwischen Raum und Zeit veranschaulicht man sich geometrisch mit Hilfe des Lichtkegels. Einen Punkt in dieser Raum-Zeit-Welt bezeichnet man als Weltpunkt und eine Linie in derselben als Weltlinie. In der folgenden Abbildung haben wir die Beziehung

$$s^2 = x^2 - (ct)^2$$

mit den Fällen

1.) $s^2 < 0$ 2.) $s^2 = 0$ und 3.) $s^2 > 0$

dargestellt.

Für den Fall 1 und für den Fall 3 erhält man jeweils eine gleichseitige Hyperbel. Der Fall 2 bildet die Asymptoten dieser Hyperbeln:

$$ct = \pm x$$

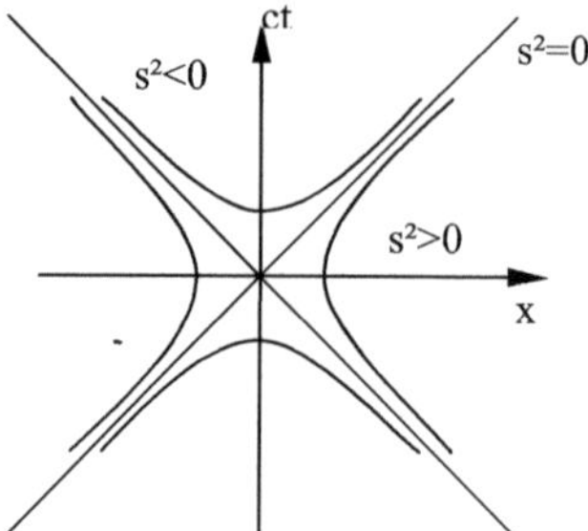

Anmerkung: Die Hyperbelgleichung ist durch

$$\frac{x^2}{a^2} - \frac{y^2}{b^2} = 1$$ und die Gleichung Asymptoten durch

$$y = \pm \frac{b}{a} x$$

gegeben, wobei $e = \sqrt{a^2 + b^2}$ die Exzentrizität der Hyperbel (Abstand Mittelpunkt-Brennpunkt) und a der Abstand vom Mittelpunkt zum Scheitelpunkt ist.
Speziell gilt für unsere Betrachtung

$$a = b = s \quad \text{und} \quad y = ct.$$

Wir untersuchen nun die Darstellung der Gleichung

$$s^2 = x^2 + y^2 - (ct)^2,$$

wobei jetzt die y-Koordinate eine andere Bedeutung hat. Wir betrachten jetzt also noch eine zusätzliche Raumdimension. Für $s^2 = 0$ erhalten wir nun statt der Asymptoten einen Doppelkegel, den Lichtkegel. Für $s^2 < 0$ entsteht ein zweischaliges Hyperboloid innerhalb des Lichtkegels und für $s^2 > 0$ erhalten wir ein einschaliges Hyperboloid außerhalb des Lichtkegels.
In positiver Zeitrichtung haben wir nun den Vorkegel, der die Zukunft und in negativer Zeitrichtung den Nachkegel, der die Vergangenheit charakterisiert. Wo beide Kegelspitzen zusammentreffen ist die Gegenwart. Vergangene, gegenwärtige und zukünftige Ereignisse und eine Zeitrichtung von der Vergangenheit in die Zukunft sind damit eindeutig definiert. Die Ereignisse in der Raum-Zeit können sich nur innerhalb des Lichtkegels (Bewegungen haben Unterlichtgeschwindigkeit, Ereignisse liegen zeitartig zueinander, $s^2 < 0$) oder auf dem Kegelmantel (Lichtausbreitung, Ereignisse liegen lichtartig zueinander, $s^2 = 0$) abspielen.

Eine Weltlinie, welche die Bewegung eines Massepunktes mit Ruhmasse in der Raum-Zeit darstellt, verläuft also innerhalb des Lichtkegels. Wenn die Ereignisse raumartig zueinander liegen gilt $s^2 > 0$. Dieser Fall kann jedoch nicht eintreten, weil die Ereignisse dann außerhalb des Lichtkegels stattfinden würden und es wären dann Überlichtgeschwindigkeiten möglich. Die Lichtgeschwindigkeit stellt jedoch eine obere Grenzgeschwindigkeit dar.

Das 4-dimensionale Linienelement (5.1) lässt sich auch mit Hilfe der Minkowski-Metrik η_{ik} ausdrücken. Man erhält damit:

$$ds^2 = \eta_{ik} dx^i dx^k$$

Über i und k wird hierin von 0 bis 3 summiert. Durch den Vergleich dieser Beziehung mit (5.1) erhält man:

$$\eta_{00} = -1$$
$$\eta_{ii} = 1 \text{ für } i = 1,2,3 \text{ und } \eta_{ik} = 0 \text{ für } i \neq k$$

Da sich die Metrik über die Skalarprodukte der Basisvektoren $\mathbf{e}_i$ bestimmen lässt, ergibt sich

$$\eta_{00} = \mathbf{e}_0 \cdot \mathbf{e}_0 = -1$$
$$\eta_{ii} = \mathbf{e}_i \cdot \mathbf{e}_i = 1 \text{ für } i = 1,2,3 \text{ und } \eta_{ik} = \mathbf{e}_i \cdot \mathbf{e}_k = 0 \text{ für } i \neq k.$$

Der Basisvektor $\mathbf{e}_0$ hat also eine imaginäre Länge. Der Tangentenvektor an die Weltlinie wird durch

$$u^i = \frac{dx^i}{d\tau} = \frac{dx^i}{dt\sqrt{1 - \dfrac{v^2}{c^2}}}$$

bestimmt und wird als Vierergeschwindigkeit bezeichnet. Wir haben gesehen, wie Raum und Zeit mathematisch zusammengefasst werden und in der Realität besteht ebenfalls ein unlösbarer Zusammenhang zwischen Raum und Zeit. Mathematisch brachte dies die Möglichkeit einer Weltlinie mit imaginärer Länge, die Möglichkeit einer imaginären Koordinate und einen Einheitsvektor mit einer imaginären Länge mit sich. Wir haben also 3 Einheitsvektoren mit reeller und einen Einheitsvektor mit imaginärer Länge. Man spricht in diesem Zusammenhang von einem 4-dimensionalen pseudoeuklidischen Raum vom Index 1. Dieser Raum hat keine Krümmung. Der hier besprochene Minkowski-Raum ist also ein solcher Raum. Später wollen wir auch noch den Fall einer imaginären Zeit diskutieren.

Der Wesensunterschied zwischen Raum und Zeit kommt im 4d-Linienelement (5.1) zum Ausdruck, denn die 4.te-Dimension geht hier mit negativen Vorzeichen und die 3 Raumdimensionen gehen mit positiven Vorzeichen ein. Man spricht hierbei von der Signatur der Raum-Zeit.

Die Raum-Zeit der speziellen Relativitätstheorie (Minkowski-Raum) zeichnet sich (abgesehen von der durch den Lichtkegel bedingten Separation) durch eine 4-dimensionale Eigenschaft der Homogenität und Isotropie aus [8]. Geht man mit Hilfe der Lorentz-Transformationen zu neuen Koordinaten für Raum und Zeit über, so bleibt das Linienelement invariant. Der Raum-Zeit kommt damit ein absoluter Charakter zu, während Raum und Zeit relativ sind.

5.2 Die Zeitdehnung als Raum-Zeit und Perspektiveffekt, Zwillingsparadoxon und eine Reise in die Zukunft

Wir betrachten zunächst geradlinig und gleichförmig gegeneinander in x-Richtung bewegte Bezugssysteme (Inertialsysteme). Es stellt sich heraus, dass diese Bezugssysteme gleichberechtigt zueinander sind. Das bedeutet: Wenn sich z.B. ein Zug gegenüber dem Bahnsteig gradlinig und gleichförmig bewegt, so ist es physikalisch gleichwertig zu sagen, der Bahnsteig habe sich gegenüber dem ruhenden Zug bewegt. Weiterhin laufen in einem gradlinig und gleichförmig bewegten Zug alle physikalischen Vorgänge genauso wie in einem am Bahnsteig ruhenden Zug ab (denn es wirken keine Trägheitskräfte).
Weiterhin wurde durch einen optischen Interferenzversuch (Michelson-Versuch) festgestellt, dass sich die Geschwindigkeit der Erde nicht zur Lichtgeschwindigkeit addiert. Die Ätherhypothese, nach der das Licht einen Träger benötigt, musste damit fallengelassen werden, da es einen Ätherwind, der das Licht beeinflusste, folglich nicht gibt. Die Lichtgeschwindigkeit ist damit unabhängig vom Bewegungszustand der Quelle und stets konstant (im Gravitationsfeldfreien Raum). Da sich keine Geschwindigkeit zur Lichtgeschwindigkeit so addiert, dass das Licht auf eine höhere Geschwindigkeit gebracht wird, musste die Lichtgeschwindigkeit auch eine obere Grenzgeschwindigkeit sein. Unter Berücksichtigung dieser beiden Tatsachen (Gleichberechtigung der Inertialsysteme und Konstanz und Grenzcharakter der Lichtgeschwindigkeit) sowie mit der Einführung der Zeitkoordinaten

$$t = \frac{x}{c} \quad \text{und} \quad t' = \frac{x'}{c} \tag{5.9}$$

im betreffenden Bezugssystem, lässt sich das folgende Gleichungssystem für die Umrechnung der Ortskoordinaten angeben:

$$\begin{aligned} x &= k(x' + vt') \\ x' &= k(x - vt) \end{aligned} \tag{5.10}$$

Die Lichtgeschwindigkeit ist also in beiden Bezugssystemen dieselbe und die Korrekturfaktoren k in (5.10) unterscheiden sich nicht, da die Bezugssysteme gleichberechtigt sind. Hierbei beziehen sich die gestrichenen Koordinaten z.B. auf das bewegte Bezugssystem und die nichtgestrichenen Koordinaten auf das Ruhsystem. Auf diese Art und Weise können also die Ortskoordinaten des einen Bezugssystems durch die Orts- und Zeitkoordinaten des anderen Bezugssystems ausgedrückt werden. Aus dem Gleichungssystem (5.10) und mit den Zeitkoordinaten (5.9) lässt sich der Korrekturfaktor k ermitteln.
Man erhält durch eine einfache Rechnung:

$$k = \frac{1}{\sqrt{1 - \dfrac{v^2}{c^2}}} \tag{5.11}$$

Wir sehen, dass dieser Faktor keine Überlichtgeschwindigkeiten zulässt, denn dann würde der Wurzelausdruck imaginär werden.

Setzen wir diesen Korrekturfaktor in (5.10) ein, so erhalten wir für die Transformation der x-Koordinate:

$$x = \frac{x' + vt'}{\sqrt{1 - \frac{v^2}{c^2}}} \qquad x' = \frac{x - vt}{\sqrt{1 - \frac{v^2}{c^2}}} \tag{5.12}$$

Da wir hierbei nur eine Bewegung in x-Richtung betrachtet haben, bleibt die y- und die z-Koordinate unverändert. Wir sehen, dass diese beiden Formeln nicht durch Umstellung auseinander hervorgehen (da die Bezugssysteme gleichberechtigt sind). Man spricht hier von einer relativistischen Vertauschung. Unter Verwendung von (5.12) erhalten wir mit (5.9) für die Zeitkoordinaten:

$$t = \frac{t' + \frac{v \cdot x'}{c^2}}{\sqrt{1 - \frac{v^2}{c^2}}} \qquad t' = \frac{t - \frac{v \cdot x}{c^2}}{\sqrt{1 - \frac{v^2}{c^2}}} \tag{5.13}$$

Die Gleichungen (5.12) und (5.13) stellen die speziellen Lorentz-Transformationen dar. Welches Zeitintervall wird nun z.B. von einem relativ ruhenden Beobachter aus gemessen?

Wir verwenden hierzu die erste der Formeln (5.13) und erhalten:

$$\Delta t = t_2 - t_1 = \frac{t_2' - t_1' + \frac{v}{c^2}\left(x_2' - x_1'\right)}{\sqrt{1 - \frac{v^2}{c^2}}} \tag{5.14}$$

Erfolgt nun die Messung an einer Stelle $x_1' = x_2'$, so ergibt sich aus (5.14):

$$\Delta t = \frac{\Delta t'}{\sqrt{1 - \frac{v^2}{c^2}}} \tag{5.15}$$

Ausgehend von der zweiten Formel von (5.13) ergibt sich analog:

$$\Delta t' = \frac{\Delta t}{\sqrt{1 - \frac{v^2}{c^2}}} \tag{5.16}$$

Zur Erläuterung sei hierzu gesagt, dass jenes Zeitintervall Δt in S von S' aus beurteilt eben das Zeitintervall $\Delta t'$ ist.
Wir erhalten also eine Dehnung der Zeitintervalle, welche umso größer ist, je näher die Geschwindigkeit an die Lichtgeschwindigkeit herankommt. Für kleine Geschwindigkeiten (gegenüber c) ist dieser Dilatationseffekt praktisch zu vernachlässigen.
Wieder erkennen wir, dass die Formeln (5.15) und (5.16) nicht durch Umstellung auseinander hervorgehen. Das bedeutet Folgendes: Ein Beobachter im Bezugssystem S stellt fest, dass

eine Uhr im Bezugssystem S' langsamer geht. Umgekehrt stellt aber ein Beobachter in S' fest, dass eine Uhr in S gleichermaßen langsamer geht. Dieser sogenannte Perspektiveffekt ist die Folge davon, dass alle Zeitintervalle gedehnt werden und die Bezugssysteme gleichberechtigt sind. Diese Gleichberechtigung der Bezugssysteme wird aber in der Beschleunigungsphase z.B. eines Raumschiffs aufgehoben, weshalb sich die Zeitdilatation nur innerhalb des sich schnell bewegten Raumschiffs auswirkt. In der Beschleunigungsphase selbst treten dabei noch weitere Zeitverschiebungseffekte auf.

Die Dehnung der Zeitintervalle bedeutet also, dass dann nicht nur Uhren (unabhängig von ihrer Beschaffenheit) langsamer gehen, sondern auch andere Prozesse, insbesondere periodische Abläufe bzw. Zyklen und Entwicklungsprozesse bzw. Alterungsprozesse langsamer ablaufen und zwar unabhängig von der speziellen Art derartiger Prozesse.

Insbesondere werden diverse Periodendauern (z.B. von elektromagnetischen Wellen) oder die Zerfallszeiten von Elementarteilchen vergrößert (Man konnte dies experimentell bestätigen).

Man kann also sagen, dass in der Beschleunigungsphase die „effektive" Zeitverschiebung innerhalb des beschleunigten Objektes anwächst. Die Ursache der effektiven Zeitverschiebung (was sich z.B. auch in einem langsameren Altern ausdrückt) ist also die Beschleunigung. Bei einer anschließenden konstanten Geschwindigkeit bleibt dann die erreichte (speziell-relativistische) Zeitverschiebung (natürlich nicht die Zeit selbst) „eingefroren".

Indem wir aber die Zeit allgemein durch Periodenlängen und Periodenanzahlen im Zusammenhang mit Bewegungen charakterisieren (unabhängig von der Beschaffenheit des Objektes), betrachten wir die Zeit allgemein als ein quantitatives Charakteristikum der sich bewegenden Materie.

Für eine umfassende Definition der Kategorie Zeit reicht aber die obige Erkenntnis nicht aus, denn wir verbinden mit der Zeit auch Veränderungen in der Zeit, eine Zeitrichtung von der Vergangenheit in die Zukunft, ihre Irreversibilität also, unterschiedliche Arten wie z.B. biologische Zeit, gesellschaftliche Zeit usw. und unser subjektives Zeitempfinden. Im obigen Sinne, worin wir die Zeit als ein allgemeines (quantitatives) Charakteristikum der sich bewegenden Materie auffassen, wollen wir von der physikalischen Zeit sprechen. Wie wir aus der Formel (5.14) entnehmen, ist auch die Gleichzeitigkeit relativ. Finden die Ereignisse im Bezugssystem S' gleichzeitig statt (gleichzeitiges Eintreffen der Lichtsignale), so werden sie vom Bezugssystem S aus nicht mehr als gleichzeitig registriert (und umgekehrt).

Lösung des Zwillingsparadoxons und eine Reise in die Zukunft

Wir hatten erklärt, was wir unter einer Zeitdehnung verstehen und wann sie sich „bemerkbar" macht und sind auf den Begriff der Eigenzeit zu sprechen gekommen, als eine von der Weltlinie abhängige Zeit. Daraus wurde auch gefolgert, dass die Uhr und die „Lebensuhr" langsamer gehen, dass sich Alterungsprozesse verlangsamen und jene umso langsamer ablaufen, je höher die Geschwindigkeit ist.

In diesem Zusammenhang ist früher das folgende Paradoxon (Zwillingsparadoxon) aufgetaucht. Man stelle sich vor: Der eine Zwillingsbruder unternimmt eine Raumreise mit einer Geschwindigkeit nahe der Lichtgeschwindigkeit und der andere Zwillingsbruder verbleibt auf der Erde. Wenn nun der eine Zwillingsbruder von seiner Raumreise auf die Erde zurückgekehrt ist, so muss er jünger als sein auf der Erde verbliebener Zwillingsbruder sein, da er aufgrund der Zeitdehnung während seiner Raumreise auch langsamer gealtert ist. Nun sind aber Inertialsysteme gleichberechtigt. Danach müsste also auch der auf der Erde verbliebene Zwillingsbruder eine Zeitdehnung erfahren haben und langsamer gealtert sein, dies trifft jedoch offenbar nicht zu.

Das Zwillingsparadoxon löst sich aber leicht auf, wenn wir das Geschehen genauer betrachten: Zunächst wird ja der Raumreisende (und seine Uhr) auf eine bestimmte Geschwindigkeit beschleunigt, dann wird er irgendwann wieder umkehren und er muss vor der Landung auf der Erde wieder abbremsen. Der Raumreisende durchläuft also während seiner Reise verschiedene Beschleunigungsphasen, in denen die Bezugssysteme nicht gleichberechtigt sind, es handelt sich dann also nicht mehr um Inertialsysteme. Es ergeben sich damit lediglich für den Raumreisenden bestimmte Zeitverschiebungseffekte. Der Raumreisende selbst ist langsamer gealtert, er ist folglich jünger geblieben. Der obengenannte Perspektiveffekt aufgrund der Gleichberechtigung der Bezugssysteme wird in den Phasen konstanter Geschwindigkeit und geradliniger Bewegung auftreten.

Theoretisch wäre nun aufgrund der Zeitverschiebung der Fall denkbar, dass sich der Raumreisende nahe der Lichtgeschwindigkeit über eine bestimmte Zeit fortbewegt und sagen wir nach einigen Tagen seiner Zeit wieder auf der Erde ankommt, während auf der Erde beispielsweise 100 Jahre vergangen sind. Dann ist dies für den Raumreisenden wie eine Reise in die Zukunft, er kann dann also ganz andere Verhältnisse auf der Erde nach seiner Raumreise vorfinden als zuvor.

Während also eine Reise in die Zukunft theoretisch möglich ist, ist eine Reise in die Vergangenheit nicht möglich. Für eine Reise in die Vergangenheit müsste man das Licht einholen (dies würde also Überlichtgeschwindigkeiten voraussetzen) und dann sozusagen aus den eingeholten Informationen das vergangene Geschehen rekonstruieren. Nach der Relativitätstheorie folgt eine Kausalitätsverletzung bei Überlichtgeschwindigkeiten. Dass trotzdem unter bestimmten Bedingungen Überlichtgeschwindigkeiten gefolgert werden können, haben wir in [2] gesehen. Eine Kausalitätsverletzung ist aber nicht möglich, wie bereits die Verdeutlichung der Geschehens in der Raum-Zeit anhand des Lichtkegels zeigt.

Wir sehen jedoch vergangene Zustände von Himmelskörpern: Wenn wir in den Kosmos schauen, so schauen wir in die Vergangenheit, denn das Licht hat eine endliche Geschwindigkeit. Je weiter wir in den Kosmos schauen, desto weiter schauen wir in die Vergangenheit, wir sehen die Materie wie sie früher war. Ein Stern, den wir in einer sehr großen Entfernung sehen, kann möglicherweise heute schon gar nicht mehr existieren. Eine Galaxie, welche wir in einer sehr großen Entfernung sehen, bewegt sich heute möglicherweise in einer ganz anderen Form usw. Doch es wird für uns nicht alles sichtbar, weil es in nichtstatischen Kosmen Ereignis und/oder Teilchenhorizonte gibt.

Wir wollen jetzt die Zeitverschiebung in einer Beschleunigungsphase betrachten. Hierzu wenden wir zunächst das relativistische Additionstheorem der Geschwindigkeiten auf v und dv an, wobei wir eine infinitesimale Geschwindigkeitsänderung durch $dv = a \cdot dt'$ erfassen. Hierin ist a eine Anfangsbeschleunigung, welche dem Bezugssystem zum Zeitpunkt $t = t' = 0$ erteilt wird. Wir erhalten daraus für die Geschwindigkeit:

$$v(t') = c \cdot \tanh \frac{a \cdot t'}{c} \qquad (5.17)$$

Es gilt $v(t') < c$. Die Geschwindigkeit nimmt also mit der Zeit immer langsamer zu (d.h. die Beschleunigung nimmt ab), da die Lichtgeschwindigkeit eine obere Grenzgeschwindigkeit darstellt. Durch Differentiation von (5.17) ergibt sich für die Beschleunigung:

$$a(t') = a \cdot \left(1 - \frac{v(t')^2}{c^2} \right)$$

Aus dem obigen Zusammenhang zwischen Eigenzeit und Koordinatenzeit (5.8) und unter Verwendung der Beziehung (5.17) ergibt sich für die Zeit t damit:

$$t = \int_0^{t'} \frac{d\tau}{\sqrt{1 - \frac{v(\tau)^2}{c^2}}} = \int_0^{t'} \frac{d\tau}{\sqrt{1 - \tanh^2 \frac{a\tau}{c}}} = \frac{c}{a} \sinh \frac{at'}{c} \tag{5.18}$$

Die Zeit wird also in Abhängigkeit von der Beschleunigung gedehnt. Man beachte aber, dass jetzt die Bezugssysteme nicht mehr gleichberechtigt sind, da wir es hier mit beschleunigten Bezugssystemen zu tun haben. Die Gleichberechtigung der Bezugssysteme war aber ein Postulat der speziellen Relativitätstheorie. In diesem Sinne können wir also sagen, dass wir durch die Einführung einer Beschleunigung im Minkowski-Raum (denn dieser Raum liegt hier noch zugrunde) schon über die spezielle Relativitätstheorie hinausgegangen sind, obwohl wir noch einen Raum ohne Gravitationsfeld betrachten.

5.3 Gravitative Zeitverschiebung

5.3.1 Zeitverschiebung und Schwarzschild-Metrik

Wir betrachten zunächst die Zeitverschiebung im Gravitationsfeld eines nichtrotierenden Himmelskörpers. Wir gehen dabei von der kugelsymmetrischen Vakuumlösung der Einsteinschen Feldgleichungen für den Außenraum eines Himmelskörpers (ohne Rotation und Ladung) aus (äußere Schwarzschild-Metrik):

$$ds^2 = \frac{dr^2}{1 - \frac{r_g}{r}} + r^2 \left(d\vartheta^2 + \sin^2 \vartheta \cdot d\varphi^2\right) - \left(1 - \frac{r_g}{r}\right)\left(dx^0\right)^2 \tag{5.19}$$

Hierin ist ds das 4-dimensionale Linienelement im gekrümmten Raum, welches durch die Eigenzeit τ wie oben ausgedrückt wird:

$$ds^2 = -c^2 d\tau^2 = g_{ik} dx^i dx^k \tag{5.20}$$

Die g_{ik} sind die kovarianten Metrikkoeffizienten. Die Koordinaten $x^1 = r$, $x^2 = \vartheta$ und $x^3 = \varphi$ sind sphärische Polarkoordinaten. Die 4.-te Dimension wird durch die Koordinatenzeit t ausgedrückt:

$$dx^0 = c \cdot dt \tag{5.21}$$

Die radiale Koordinate r bezeichnet den Abstand vom Massemittelpunkt und kann speziell auch gleich dem Radius des Himmelskörpers R sein. Für den Außenraum ist $r \geq R$. Die Masseabhängigkeit der Metrik ist im Gravitationsradius (Schwarzschild-Radius)

$$r_g = \frac{2G \cdot M}{c^2} \tag{5.22}$$

enthalten, worin $G = 6{,}67 \cdot 10^{-8} s^{-2} g^{-1} cm^3$ die Newtonsche Gravitationskonstante ist. Drücken wir das Linienelement durch die Eigenzeit und die 4. Dimension durch die Koordinatenzeit aus, so entsteht aus (5.19):

$$\frac{d\tau^2}{dt^2} = \frac{1}{g_{11}} - g_{11}\left(\frac{v_r}{c}\right)^2 - g_{22}\left(\frac{v_\vartheta}{c}\right)^2 - g_{33}\left(\frac{v_\varphi}{c}\right)^2 \tag{5.23}$$

Wir lassen hiermit also eine Ortsveränderung des Bezugssystems im Gravitationsfeld zu, wobei wir die Geschwindigkeitskomponenten in krummlinigen Koordinaten mit

$$v_r = \frac{dr}{dt} \; , \quad v_\vartheta = \frac{d\vartheta}{dt} \quad \text{und} \quad v_\varphi = \frac{d\varphi}{dt} \tag{5.24}$$

bezeichnet haben. Die beiden letzten Komponenten sind demgemäß Winkelgeschwindigkeiten. Aus (5.19) erhalten wir für die Metrik:

$$g_{11} = \frac{1}{1 - \frac{r_g}{r}} \quad g_{22} = r^2 \quad g_{33} = r^2 \sin^2 \vartheta \quad \text{und} \quad g_{00} = \frac{r_g}{r} - 1 \tag{5.25}$$

Aus der Gleichung (5.23) können wir bei Einführung einer Geschwindigkeitsgröße in der Form

$$v_g = \sqrt{g_{11}v_r^2 + g_{22}v_\vartheta^2 + g_{33}v_\varphi^2} \tag{5.26}$$

die folgende interessante Beziehung für die Eigenzeit ableiten:

$$d\tau = dt\sqrt{1 - \frac{r_g}{r} - \frac{v_g^2}{c^2}} \tag{5.27}$$

Wir sehen hierbei, wie der speziell- und der allgemein- relativistische Anteil exakt verknüpft werden muss, wobei v_g auch vom Gravitationsfeld abhängt. Halten wir den Ort fest, so ergibt sich aus (5.23) die bekannte Beziehung:

$$\frac{d\tau^2}{dt^2} = \frac{1}{g_{11}} = -g_{00} = 1 - \frac{r_g}{r}. \tag{5.28}$$

Es ist also in diesem Fall:

$$d\tau = dt\sqrt{1 - \frac{r_g}{r}} = dt\sqrt{1 - \frac{2GM}{c^2 r}} \tag{5.29}$$

Je größer also die Masse des Himmelskörpers, desto stärker ist das Gravitationsfeld, umso größer ist die Krümmung der 4-dimensionalen Raum-Zeit (geometrisch formuliert) und umso größer ist die gravitative Zeitverschiebung (Zeitdehnung). Im Vergleich des Wurzelausdruckes in (5.29) mit dem speziell-relativistischen Korrekturfaktor erkennen wir, dass wir die Geschwindigkeit durch den Ausdruck

$$v = \sqrt{\frac{2GM}{r}} \quad \text{ersetzen können.}$$

5.3.2 Zeitverschiebung und Kerr-Metrik

Wir bestimmen nun den Zusammenhang zwischen der Koordinaten- und der Eigenzeit im Gravitationsfeld eines rotierenden Himmelskörpers, wobei wir zunächst wieder eine Ortsveränderung berücksichtigen.

Wir gehen dabei von der kugelsymmetrischen, stationären Lösung der Einsteinschen Feldgleichungen (die es hier nur für den Außenraum gibt), nämlich der Kerr-Lösung aus [3]:

$$ds^2 = \left(r^2 + a_0^2 \cos^2 \vartheta\right)\left(d\vartheta^2 + \frac{dr^2}{r^2 + a_0^2 - r_g r}\right) + \left(r^2 + a_0^2\right)\sin^2 \vartheta \cdot d\varphi^2 +$$

$$+ \frac{r_g r}{r^2 + a_0^2 \cos^2 \vartheta}\left(dx^0 + a_0 \sin^2 \vartheta \cdot d\varphi\right)^2 - \left(dx^0\right)^2 \tag{5.30}$$

Hierin ist

$$a_0 = \frac{L}{Mc} \tag{5.31}$$

ein Parameter, der vom Drehimpuls L abhängt. In dieser Gleichung haben wir also neben der Masse auch den Drehimpuls als Parameter. Mit M wird die Ruhmasse des rotierenden Körpers bezeichnet. Wir drücken nun wieder das Linienelement durch die Eigenzeit und die 4. Dimension durch die Koordinatenzeit aus. Wir erhalten dann aus (5.30) mit (5.24):

$$\frac{d\tau^2}{dt^2} = -g_{11}\left(\frac{v_r}{c}\right)^2 - g_{22}\left(\frac{v_\vartheta}{c}\right)^2 - g_{33}\left(\frac{v_\varphi}{c}\right)^2 - 2g_{30}\frac{v_\varphi}{c} - g_{00} \tag{5.32}$$

Die Metrikkoeffizienten sind aus (5.30) ersichtlich:

$$g_{11} = \frac{g_{22}}{r^2 + a_0^2 - r \cdot r_g} \quad g_{22} = r^2 + a_0^2 \cos^2 \vartheta \tag{5.33}$$

$$g_{33} = \left(r^2 + a_0^2\right)\sin^2 \vartheta + \frac{r \cdot r_g}{g_{22}}a_0^2 \sin^4 \vartheta \quad g_{30} = \frac{r \cdot r_g}{g_{22}}a_0 \sin^2 \vartheta \quad g_{00} = \frac{r \cdot r_g}{g_{22}} - 1$$

Aus der Gleichung (5.32) können wir jetzt bei Einführung einer neuen Geschwindigkeitsgröße in der Form

$$\bar{v} = \sqrt{g_{11}v_r^2 + g_{22}v_\vartheta^2 + g_{33}v_\varphi^2 + 2g_{30}v_\varphi c} \qquad (5.34)$$

die folgende Beziehung für die Eigenzeit ableiten:

$$d\tau = dt\sqrt{1 - \frac{r_g r}{r^2 + a_0^2 \cos^2 \vartheta} - \frac{\bar{v}^2}{c^2}} \qquad (5.35)$$

Sämtliche Metrikkoeffizienten und damit auch $\bar{v}$ hängen hierin vom Gravitationsfeld und vom Drehimpuls ab.

Halten wir den Ort wieder fest, so spielt erneut nur noch der Metrik-Koeffizient g_{00} eine Rolle, in den aber jetzt außerdem noch der Drehimpuls eingeht. Wir erhalten:

$$\frac{d\tau^2}{dt^2} = -g_{00} = 1 - \frac{r \cdot r_g}{r^2 + a_0^2 \cos^2 \vartheta} \qquad (5.36)$$

Es ergibt sich also für diesen Fall:

$$d\tau = dt\sqrt{1 - \frac{2GM \cdot r}{(c \cdot r)^2 + \left(\frac{L}{M}\right)^2 \cos^2 \vartheta}} \qquad (5.37)$$

Der Drehimpuls wirkt also der gravitativen Zeitdehnung entgegen. Die Krümmung der Raum-Zeit ist also bei einem rotierenden Himmelskörper kleiner als bei einem nichtrotierenden Himmelskörper (bei sonst gleichen Parametern).

5.4 Zusammenwirken und Nachweis der Zeitverschiebungseffekte

Man muss sowohl die speziell- als auch die allgemein-relativistische Zeitverschiebung in verschiedenen Experimenten und Anwendungen berücksichtigen.

Beim Hafele-Keating Experiment bewegt sich ein Flugzeug einmal mit der Erdrotation (nach Osten) und zum anderen gegen die Erdrotation (nach Westen). Bei der Beurteilung des Zeitablaufes im Flugzeug und auch für die Erfassung des Zeitablaufes des Beobachters auf der Erde (er unterliegt ebenfalls der Rotation) ist deshalb die Rotationsgeschwindigkeit der Erde zu berücksichtigen. Wir definieren weiterhin einen Zeitablauf in einem Bezugssystem (charakterisiert durch dt) außerhalb der Erde, welches der Erdrotation nicht unterliegt. Dann erhalten wir für den Beobachter auf der Erde (Eigenzeitdifferenzial):

$$d\tau_E = dt \cdot \sqrt{1 - \frac{v_E^2}{c^2}} \qquad (5.38)$$

Hierin ist v_E die Rotationsgeschwindigkeit der Erde ($v_E = \omega \cdot R$). Für einen Beobachter im Flugzeug (Index F) müssen wir aber noch die Geschwindigkeit des Flugzeuges (v_F sei der Betrag der Geschwindigkeit) gegenüber der Erde berücksichtigen. Wir erhalten also für das entsprechende Eigenzeitdifferenzial (wir können die Geschwindigkeiten klassisch addieren) [3]:

$$d\tau_F = dt \cdot \sqrt{1 - \frac{(v_E \pm v_F)^2}{c^2}} \tag{5.39}$$

Das positive Vorzeichen gilt beim Flug in östliche und das negative Vorzeichen beim Flug in westliche Richtung. Für den Vergleich der Zeiten (im Flugzeug und auf der Erde) ergibt sich somit:

$$\left.\frac{d\tau_E}{d\tau_F}\right|_{(SRT)} = \frac{\sqrt{1 - \frac{v_E^2}{c^2}}}{\sqrt{1 - \frac{(v_E \pm v_F)^2}{c^2}}} = \eta_{SRT} \tag{5.40}$$

Wir können hierin näherungsweise die Differenziale durch die entsprechenden Differenzen ersetzen und es ergibt sich dann (bei entsprechender Bezeichnungsänderung) analog [3]:

$$\Delta t_{E(SRT)} = \eta_{SRT} \Delta t_F \tag{5.41}$$

Im Flugzeug vergeht die Zeit langsamer, wenn sich die Beträge der Geschwindigkeiten addieren, die Uhr bleibt damit gegenüber einer Uhr auf der Erde zurück. Die Uhr auf der Erde zeigt damit eine größere Zeit (Eigenzeit) an. Neben der speziell-relativistischen Zeitverschiebung hat man beim H-K-Experiment auch die allgemein-relativistische Zeitverschiebung aufgrund der Gravitationswirkung zu berücksichtigen. Wir definieren nun einen Zeitablauf (Differenzial dt_∞) in unendlicher Entfernung von den gravitierenden Massen. Wir erhalten diesbezüglich einen Zeitablauf auf der Erde (Erdradius R) und einen Zeitablauf im Flugzeug, welches in einer Höhe h über der Erdoberfläche fliegt. Es ergibt sich dann, entsprechend der auftretenden Dilationseffekte analog zu [3]:

$$\left.\frac{d\tau_E}{d\tau_F}\right|_{(ART)} = \frac{\sqrt{1 - \frac{r_g}{R}}}{\sqrt{1 - \frac{r_g}{R+h}}} = \eta_{ART} \tag{5.42}$$

Schließlich ergibt die Berücksichtigung beider Dilatationseffekte näherungsweise eine additive Verknüpfung der Form:

$$\Delta t_E = \left(\eta_{SRT} + \eta_{ART} - 1\right)\Delta t_F. \tag{5.43}$$

Beim Flug in östliche Richtung sind die Uhren im Flugzeug etwas nachgegangen und beim Flug nach Westen etwas vorgegangen in Bezug auf die zurückgelassenen Uhren.

Diese Ergebnisse sind in der folgenden Tabelle festgehalten:

	gemessener Wert[ns]	berechneter Wert[ns]
Ostflug	-59 ± 10	-40 ± 23
Westflug	273 ± 7	275 ± 21

Wenn beide Zeitverschiebungseffekte nicht auftreten (Flugzeug steht auf der Erdoberfläche), so folgt daraus natürlich $\Delta t_E = \Delta t_F$, beide Uhren zeigen also die gleiche Zeit an. Wir haben hier (im Unterschied zur üblichen Herleitung) keine weiteren Vereinfachungen durchgeführt, sondern die relativistischen Korrekturen ausführlich aufgeschrieben, um die Zusammenhänge besser zu erkennen. Je größer die resultierende Geschwindigkeit, desto größer ist die speziell-relativistische Zeitverschiebung. Je höher das Flugzeug fliegt, umso kleiner ist aber die allgemein-relativistische Zeitdehnung. Beide Zeitverschiebungseffekte sind auch bei einer Satellitenbewegung zu beachten. Da dabei beide Zeitverschiebungseffekte mit zunehmender Höhe abnehmen, wird es auch eine Umlaufbahn des Satelliten geben, wo die Zeit genauso schnell wie auf der Erde vergeht und eine noch höhere Umlaufbahn, wo die Zeit schneller als auf der Erde vergeht. Für eine genauere Betrachtung müssen wir die Kerr-Metrik heranziehen. Die geringen Zeitdehnungseffekte werden mit Atomuhren (z.B. Cäsium-Uhren) gemessen. Die Cäsium-Strahl-Uhren nutzen dicht benachbarte Energieübergänge der Elektronen. Laserstrahl-Paare bremsen zunächst die Bewegung der Cäsium-Atome (Laserkühlung) und verursachen dann (durch Wellenlängenänderung des Laserlichtes der vertikalen Laser) ein Aufsteigen der Atomwolke. Die Atomwolke passiert dann einen Resonator und wird dabei mit Mikrowellen bestrahlt, wodurch der Spin der Elektronen umklappt. Ein Diagnose-Laser regt derart beeinflusste Cäsiumatome zum Fluoreszieren an. Dieses Licht dient dazu, die Mikrowellenfrequenz optimal einzustellen, die dann als sehr präzises und konstantes Zeitmaß dient.

5.5 Diskussionen zur Zeitverschiebung

Die Frage ist, ob es sich bei der relativistischen Zeitverschiebung wirklich um einen „Eingriff" in die Zeit handelt, ob es also berechtigt ist, von einer Dehnung der Zeit zu sprechen. Sicher ist ein langsamerer Ablauf irgendeines Vorganges keine Zeitdehnung und auch wenn lediglich Uhren langsamer gehen oder ein langsamerer Ablauf beobachtet wird, wäre dies sicher noch keine Zeitdehnung.
Wir können aber folgern: Um eine relativistische Zeitdehnung bzw. Zeitverschiebung in dem betreffenden Bezugssystem handelt es sich dann, wenn vom Bewegungszustand des Objektes oder vom Gravitationsfeld abhängig, charakteristische bzw. die Lebensdauer des Systems bestimmende Vorgänge in dem betreffenden System, insbesondere Zyklen und Entwicklungsprozesse (welche i.a. als abhängig voneinander zu betrachten sind) langsamer ablaufen und zwar unabhängig von der Materialzusammensetzung und unabhängig davon, ob es sich um ein mikrophysikalisches oder makrophysikalisches System oder ein Objekt der belebten oder unbelebten Natur handelt.
Da dies aber offenbar zutrifft, weil die Herleitungen für die Zeitdehnung ganz allgemeiner Natur sind, können wir also durchaus von einer relativistischen Zeitdehnung sprechen. Eine Zeitdehnung ist damit nicht zu verwechseln mit der Vergrößerung der einen oder anderen Periodendauer und betrifft insbesondere nicht nur einen Beobachtungseffekt und nicht nur ein langsameres gehen der Uhren. In der physikalischen Literatur wird die Zeitdehnung meist nur als Konsequenz der Lorentz-Transformationen und der 4-dimensionalen Raum-Zeit beschrieben. Dies ist aber nur eine mathematische Beschreibungsweise. Wir werden im Folgenden sehen, wie es möglich ist, die Zeitdehnung auf Wechselwirkungen zurückzuführen.

6 Über die Möglichkeit relativistischer Umkehreffekte, Zeitkontraktion

Wir werden nun Zusammenhänge erörtern, welche neue relativistische Effekte und Umkehreffekte nahelegen.

Als erstes betrachten wir hierzu das folgende Gedankenexperiment. Es sei ein sich nahe c in x-Richtung bewegter Wagen gegeben, in dessen vorderen Teil sich eine Lichtquelle befindet. Ein Beobachter im Wagen wird dabei die Zeitkoordinaten

$$t_1' = \frac{l_h}{c} \text{ und } t_2' = \frac{l_v}{c} \tag{6.1}$$

für das Eintreffen des Lichtsignals am Wagenende bzw. am Wagenanfang registrieren. Hierbei ist l_v der vordere (kleinere Abschnitt von der Lichtquelle zum Wagenanfang) und l_h der hintere, größere Abschnitt. Es ergibt sich damit für diesen Beobachter das Zeitintervall:

$$\Delta t' = t_1' - t_2' = \frac{l_h - l_v}{c} \tag{6.2}$$

Legen wir hierbei den Ursprung des Koordinatensystems in die Lichtquelle, so ergibt sich:

$$x_1' = -l_h \text{ und } x_2' = l_v \tag{6.3}$$

Für das Zeitintervall vom ruhenden Beobachter aus gesehen, müssen wir nun die Lorentz-Transformationen benutzen und erhalten damit:

$$\Delta t = t_1 - t_2 = \frac{t_1' - t_2' + \frac{v}{c^2}\left(-l_h - l_v\right)}{\sqrt{1 - \frac{v^2}{c^2}}} \tag{6.4}$$

Daraus erhalten wir durch Ersetzung der Abschnitte mit Hilfe der Zeitkoordinaten:

$$\Delta t = k\left(t_1'\left(1 - \frac{v}{c}\right) - t_2'\left(1 + \frac{v}{c}\right)\right) \tag{6.5}$$

oder:

$$\Delta t = t_1'\sqrt{\frac{1 - \frac{v}{c}}{1 + \frac{v}{c}}} - t_2'\sqrt{\frac{1 + \frac{v}{c}}{1 - \frac{v}{c}}} \tag{6.6}$$

Danach wird mit Geschwindigkeitsvergrößerung das Zeitintervall zunächst immer weiter verkürzt werden, danach würde es vom Standpunkt des Außenbeobachters zu Null werden (das heißt die Signale treffen gleichzeitig ein) und mit noch weiterer Geschwindigkeitsvergrößerung trifft das Lichtsignal dann am Wagenende eher als am Wagenanfang ein, dann vergrößert sich das Zeitintervall $t_2 - t_1$ (in obiger Definition wird Δt

negativ). *Das heißt, es wird dadurch nicht nur nahegelegt, dass es Bedingungen gibt, die eine Kontraktion der Zeit ermöglichen, sondern es wird dadurch auch begründet, dass jene Kontraktion in eine Dilatation bei einer bestimmten Geschwindigkeit umschlagen kann.*

Es sei in diesem Zusammenhang bemerkt, dass hierbei die beiden Wurzelausdrücke in (6.6) entstehen, welche auch beim longitudinalen Doppler-Effekt auftreten, nur haben wir beim Doppler-Effekt jeweils nur einen dieser beiden Ausdrücke, je nachdem ob sich die Quelle und der Beobachter voneinander entfernen oder annähern. Umkehreffekte können auch durch veränderte Bedingungen bei der Messung gefolgert werden. Nehmen wir bei der Bestimmung von Δt an, dass im selben Bezugssystem, also in S, die x-Koordinaten gleich gemessen werden (Die Lichtsignale treffen am gleichen Ort ein), dann gilt $x_1 = x_2$. Dann folgt aber aus den Lorentz-Transformationen: $x_1' + vt_1' = x_2' + vt_2'$ und damit

$$x_2' - x_1' = -v\left(t_2' - t_1'\right) = -v\Delta t' . \tag{6.7}$$

Wegen

$$\Delta t = t_2 - t_1 = \frac{t_2' - t_1' + \dfrac{v}{c^2}\left(x_2' - x_1'\right)}{\sqrt{1 - \dfrac{v^2}{c^2}}} \tag{6.8}$$

ergibt sich mit (6.7) $\Delta t = \Delta t' \cdot \sqrt{1 - \dfrac{v^2}{c^2}}$. $\tag{6.9}$

Analog erhalten wir für $\Delta t'$, wenn $x_1' = x_2'$:

$$\Delta t' = \Delta t \cdot \sqrt{1 - \frac{v^2}{c^2}} \tag{6.10}$$

Wieder ergibt sich also ein Perspektiveffekt, diesmal aber eine Zeitkontraktion. Die Zeitkontraktion entspricht dem transversalen Doppler-Effekt (Winkel zwischen Bewegungsrichtung der Quelle und Ausbreitungsrichtung der elektromagnetischen Welle vom Standpunkt der Quelle ist 90 Grad). Ebenso lässt sich neben der Längenkontraktion eine Längendilatation folgern, je nachdem, in welchem Bezugssystem die Zeitkoordinaten gleich gemessen werden. Wir erhalten nämlich

$$\Delta x = \Delta x' \cdot \sqrt{1 - \frac{v^2}{c^2}} \quad \text{für } t_1 = t_2 \quad \text{und} \quad \Delta x' = \Delta x \cdot \sqrt{1 - \frac{v^2}{c^2}} \quad \text{für } t_1' = t_2' , \tag{6.11}$$

also eine Längenkontraktion als Perspektiveffekt, wenn die Zeitkoordinaten in dem Bezugssystem gleich gemessen werden, von dem aus die Längenmessung erfolgt. Im anderen Fall (wenn die Zeitkoordinaten im jeweils anderen Bezugssystem gleich bestimmt werden) ergibt sich aber eine relativistische Längenzunahme. Auch dieser Zusammenhang ergibt sich aus den Lorentz-Transformationen.

Zunächst ist danach

$$x = \frac{x' + vt'}{\sqrt{1 - \dfrac{v^2}{c^2}}},$$

womit sich die Transformation der Differenz der x-Koordinaten wie folgt ergibt:

$$\Delta x = x_2 - x_1 = \frac{x_2' - x_1' + v(t_2' - t_1')}{\sqrt{1 - \dfrac{v^2}{c^2}}} \tag{6.12}$$

Treffen nun die Lichtsignale in S' gleichzeitig ein, ist also $t_1' = t_2'$, so folgt daraus

$$\Delta x = \frac{\Delta x'}{\sqrt{1 - \dfrac{v^2}{c^2}}} \tag{6.13}$$

und umgekehrt würde dann

$$\Delta x' = \frac{\Delta x}{\sqrt{1 - \dfrac{v^2}{c^2}}} \tag{6.14}$$

folgen, wenn $t_1 = t_2$. Wir erhalten also mit (6.13) und (6.14) eine Längendilatation als Perspektiveffekt. Wir haben gesehen, dass im Zusammenhang mit veränderten Messbedingungen, je nachdem in welchem Bezugssystem die Orts- bzw. Zeitkoordinaten für die Ereignisse gleich bestimmt werden, tatsächlich Umkehreffekte gefolgert werden können, sodass neben der Zeitdilatation auch eine Zeitkontraktion und neben der relativistischen Längenkontraktion auch eine Längendilatation möglich ist. Diese Umkehreffekte erweisen sich ebenfalls als Raum-Zeit und Perspektiveffekte. Die Gleichberechtigung der Bezugssysteme und der Grenzcharakter der Lichtgeschwindigkeit werden dadurch nicht angetastet.

7 Eine quantenphysikalische Begründung relativistischer Effekte

Wir versuchen nun auf der Basis von Wechselwirkungen zwischen den Feldquanten und zwischen den Feldquanten und dem betrachteten Objekt relativistische Effekte zu erklären, wobei wir Grundbeziehungen der Quantenphysik mit der Relativitätstheorie verbinden. Die Masseanziehung (Gravitation) und die allgemein-relativistischen Effekte werden durch gravitative Wechselwirkungen bestimmt.

Die Trägheitswirkungen und die speziell-relativistischen Effekte werden durch den Bewegungszustand des Bezugssystems bestimmt. Die Frage ist, ob wir für diese Fälle ebenfalls bestimmte Wechselwirkungen als nähere Ursache heranziehen können. Wenn jedoch für die Erklärung der Trägheitswirkungen (wenn wir einmal von der Möglichkeit der Induktion der Trägheit durch die fernen Massen absehen) und für die speziell-relativistischen Effekte das Gravitationsfeld nicht in Betracht kommt, so sollten wir aber hierfür die Eigenschaften des Vakuums berücksichtigen.

Das Vakuum ist ja bekanntlich nicht leer, sondern es enthält eine Vielzahl virtueller Teilchen und Quanten, welche unter bestimmten Bedingungen auch zu realen Teilchen bzw. Quanten werden können und der physikalische Raum enthält auch schon im vornherein reale Teilchen und Quanten.

Das heißt, auch dann, wenn das Gravitationsfeld gänzlich fehlen würde (was ja genau genommen nicht der Fall ist), wäre der gesamte Raum mit Quanten (und Teilchen) durchflutet. Ein Objekt, welches sich nun durch diesen Raum bewegt (z.B. durch das Vakuum), würde also mit diesem Raum in Wechselwirkung treten, wobei diese Wechselwirkungen von der Geschwindigkeit und von der Beschleunigung abhängen. Speziell würden also vom Bewegungszustand abhängige Quantenwechselwirkungen auftreten z.B. Wechselwirkungen von virtuellen Photonen des Objektes mit den virtuellen Photonen des umgebenden Raumes. Dann hätten wir damit auch die speziell-relativistischen Effekte neben den allgemein-relativistischen Effekten auf Wechselwirkungen zwischen Bosonen zurückgeführt, wobei die ersteren geschwindigkeitsabhängig und die letzteren masseabhängig sind. Wir wollen nun diese Zusammenhänge näher beschreiben.

7.1 Quantengravitation und allgemein-relativistische Effekte

Wenn man sich die Frage stellt, was das Gravitationsfeld ist, so wird meist geantwortet, dass dies ein besonderer Zustand des Raumes sei oder dass dieses Feld den Raum krümmt (Krümmung der 4-dimensionalen Raum-Zeit). Wir wollen uns mit diesen Antworten nicht zufrieden geben und fragen, woraus das Gravitationsfeld besteht und welche Wechselwirkungen der Masseanziehung und den relativistischen Effekten zugrunde liegen.

Die Wechselwirkungen zwischen den Massen müssen in bestimmter Art und Weise vermittelt werden. Was ist aber der Vermittler? Das Gravitationsfeld ist Träger von Energie. Nach der Masse-Energie Äquivalenz Einsteins kann man aber Masse und Energie nicht voneinander trennen. Außerdem gibt es keinen absolut leeren Raum. Müssen dann nicht Teilchen (bestimmte Feldquanten) mit einer Bewegungsmasse diese Vermittlerrolle übernehmen? Diese Teilchen werden tatsächlich aus der Theorie gefolgert. Es sind die Gravitonen, die Quanten des Gravitationsfeldes. Sie breiten sich wie das Gravitationsfeld mit Lichtgeschwindigkeit aus und haben einen ganzzahligen Eigendrehimpuls (Spin 2), gehören also zu den Bosonen. Jede Masse muss dann also (wie wissen wir noch nicht) Gravitonen emittieren und Gravitonen von der eigenen Masse und von anderen Massen absorbieren, sie ist also gleichzeitig eine Gravitonenquelle wie auch eine Gravitonensenke. Nun kann man sich auch eine Vorstellung davon machen, was es bedeutet, wenn das Gravitationsfeld stärker wird. Die Massedichte eines Objektes werde erhöht, die Teilchen rücken dadurch dichter zusammen, die von dem betreffenden Objekt ausgesandten Gravitonenströme rücken damit ebenfalls dichter zusammen. Damit wird die Wechselwirkung zwischen den Gravitonen stärker und die Krümmungseigenschaften des Gravitationsfeldes werden verändert. Man kann auch sagen, der Raum wird stärker gekrümmt, weil dieser in der Relativitätstheorie mit dem Gravitationsfeld gleichgesetzt wird.

Ein Lichtstrahl, der nun diesen Raum passieren soll, wird nun ebenfalls gekrümmt (nach der allgemeinen Relativitätstheorie Einsteins). Die Frage nach dem Warum wird meist nur so beantwortet, dass man diesen Effekt auf die Krümmung der 4-dimensionalen Raum-Zeit zurückführt. Wir wissen aber jetzt, dass es noch tiefere Ursachen gibt, denn das Gravitationsfeld besteht aus Gravitonen. Also müssen diese Gravitonen mit den Lichtquanten (Das Licht besteht nach der Teilchentheorie aus Photonen, die sich mit Lichtgeschwindigkeit ausbreiten und ebenfalls einen ganzzahligen Eigendrehimpuls besitzen) wechselwirken. Diese Wechselwirkungen sind umso stärker, je stärker das Gravitationsfeld ist. Deshalb werden die Lichtstrahlen mit größer werdender Massedichte immer mehr gekrümmt. Außerdem verringert sich aus dem gleichen Grund die Lichtgeschwindigkeit. Bildhaft gesprochen zieht die Krümmung der Gravitonenströme eine Krümmung der Photonenströme nach sich, deren Geschwindigkeit dadurch verringert wird. Wie wir sahen, stehen sich Teilchen und Feldtheorie nicht gegenüber, sondern sie ergänzen sich.

Wenn wir nach der Ursache der allgemein-relativistischen Effekte fragen, so beantwortet die Relativitätstheorie diese Frage geometrisch abstrakt. Man führt diese Effekte auf die Krümmung der 4-dimensionalen Raum-Zeit zurück, wobei das Gravitationsfeld den Raum krümmt. Es wird einfach gesagt: Die Massen krümmen den Raum und zwar je nach ihrer Größe unterschiedlich stark. Hiermit haben wir aber noch nicht die tieferen physikalischen Ursachen jener Effekte erkannt. Hierzu müssen wir klären, auf welchen Wechselwirkungen die allgemein-relativistischen Effekte beruhen. Es ist nach den obigen Ausführungen naheliegend, dass das Gravitationsfeld aus Gravitonen besteht. Also werden die Gravitonen der Felder miteinander in Wechselwirkung treten, wobei es Selbstwechselwirkungen und Fremdwechselwirkungen gibt. Doch diese Feldwechselwirkungen treten bereits bei der Masseanziehung auf. Welche Wechselwirkungen können noch zusätzlich für die relativistischen Effekte verantwortlich sein? Wie die Effekte der Lichtkrümmung und der Frequenzänderung des Lichtes im Gravitationsfeld zeigen, können also die Gravitonen vom Spin 2 auch mit den Photonen vom Spin 1 in Wechselwirkung treten. Nun gibt es aber auch innerhalb eines Objektes innere Felder, welche zum Teil ebenfalls elektromagnetischer Natur sind. Nach der Quantenfeldtheorie sind diese Felder ebenfalls aus Photonen (virtuelle Photonen) zusammengesetzt. Also ist anzunehmen, dass die Gravitonen eines äußeren Feldes auch mit den Photonen innerer Felder in Wechselwirkung treten. Die Folge davon ist eine Veränderung der Feldstruktur (z.B. Verringerung der Felddichte zwischen den Teilchen infolge der Feldkrümmung), welche die Wechselwirkungsstärke zwischen den Teilchen verringert. Eine Folge davon wäre, dass dann bestimmte Prozesse in dem Objekt, welches einem starken Gravitationsfeld ausgesetzt ist, langsamer ablaufen und zwar unabhängig von der stofflichen Zusammensetzung. Damit hätten wir auch die Zeitdehnung im Gravitationsfeld auf Wechselwirkungen zwischen Feldquanten zurückgeführt. Wir wollen einige elementare Wechselwirkungen im Gravitationsfeld beschreiben. Ein Lichtquant, welches sich von einer Masse entfernt, muss gegen das Gravitationsfeld eine Arbeit verrichten. Dadurch verringern sich seine Frequenz und seine Energie. Daraus ergibt sich der Zusammenhang

$$h\Delta f = m_{Ph} \cdot g \cdot \Delta l = \frac{G \cdot h}{c^2} \frac{f_0 M}{R^2} \Delta l = 2\pi f_0 Mc \frac{l_p^2}{R^2} \Delta l \qquad (7.1)$$

Hierin ist: $\Delta f = f - f_0$ eine Differenzfrequenz, h das Plancksche Wirkungsquantum ($\hbar = \dfrac{h}{2\pi}$), g die Fallbeschleunigung auf der Oberfläche, m_{Ph} die Bewegungsmasse eines Photons und Δl eine Höhendifferenz. Mit $l_p = \sqrt{\dfrac{\hbar G}{c^3}} \approx 10^{-35}\,m$ wird die Planck-Länge bezeichnet. Der Änderung der potentiellen Energie im Gravitationsfeld entspricht nun nach der Einsteinschen Masse-Energie-Relation einer entsprechenden Masseänderung. Wir erhalten danach allgemein:

$$dm \cdot c^2 = m \cdot g \cdot dz \tag{7.2}$$

Daraus erhalten wir durch Trennung der Variablen und Integration:

$$m = m_0 \cdot e^{\frac{g}{c^2}\Delta l} \tag{7.3}$$

Wir stellen uns jetzt die Frage, wodurch die speziell-relativistische Zeitverschiebung zustande kommt, wodurch sie verursacht wird. Mathematisch können wir sagen, dass die speziell-relativistische Zeitverschiebung eine Folgerung aus den Lorentz-Transformationen ist. Aber gibt es dafür physikalische Ursachen in Form von speziellen Wechselwirkungen, die wir noch nicht kennen? Zunächst folgt allgemein aus dem Zusammenhang von Raum und Zeit und dem Grenzcharakter der Lichtgeschwindigkeit eine Zeitdilatation. Dies können wir sowohl für die speziell- als auch für die allgemein-relativistische Zeitdilatation festhalten. Es liegt also nahe, die Ursache der Zeitverschiebung im Raum selbst zu sehen und durch Wechselwirkungen des betrachteten Objektes mit dem Raum zu begründen. In der allgemeinen Relativitätstheorie spielt für diese Wechselwirkung das Gravitationsfeld die zentrale Rolle. In der speziellen Relativitätstheorie kommt aber das Gravitationsfeld nicht in Betracht. Wie käme dann aber eine Wechselwirkung mit dem Raum zustande, welche den speziell-relativistischen Effekten und insbesondere der speziell-relativistischen Zeitdilatation zugrunde liegt?
Charakteristisch war schon für die SRT, dass man eine 4.-te Dimension einführte und jene Dimension mit dem Raum verband. In diese Dimension geht die Zeit ein, aber mit ihr auch die Grenzgeschwindigkeit, also die Lichtgeschwindigkeit im Vakuum. Der physikalische Raum, welcher also hier in Betracht kommt, ist das Vakuum. Wenn wir also die speziell-relativistischen Effekte durch Wechselwirkungen begründen wollen, so müssen wir die geschwindigkeitsabhängigen Wechselwirkungen des betrachteten Objektes mit dem Vakuum in Betracht ziehen. Hierbei beachten wir, dass das Vakuum nicht leer ist, sondern virtuelle Teilchen und Quanten enthält, welche unter bestimmten Bedingungen auch zu realen Teilchen und Quanten werden können.

7.2 Äußere und innere sowie gebundene und ungebundene Quanten, Mitführungseffekte und Quantenwechselwirkungen

Wir wollen nun die in Frage kommenden Quantenwechselwirkungen näher beschreiben, auf welche sich speziell-relativistische Effekte nach unserer Meinung zurückführen lassen.
Wir gehen davon aus, dass in jedem Objekt bestimmte Wechselwirkungen stattfinden, welche durch bestimmte Feldquanten vermittelt werden. Wir bezeichnen die Quanten dieser Felder als innere virtuelle Quanten. Entsprechend bezeichnen wir die Quanten der äußeren Felder oder des Vakuums als äußere virtuelle Quanten. Innere und äußere Quanten sind in der Lage in Wechselwirkung zu treten. Unter einem freien Quant wollen wir ein Boson (z.B. ein Photon) verstehen, welches sich mit Lichtgeschwindigkeit im Vakuum ausbreitet.

Insbesondere käme als freies Quant auch ein Feldquant in Frage, welches Wechselwirkungen bestimmter Art vermittelt (z.B. elektromagnetische Wechselwirkungen). Die Quanten bzw. Feldquanten können also in dem betreffenden Objekt selbst entstehen (innere Quanten) oder es sind äußere Quanten (z.B. Photonen) oder Feldquanten (z.B. virtuelle Photonen).

Neben den freien Quanten wollen wir noch kurzzeitig gebundene Quanten voraussetzen. Dies begründen wir wie folgt: Nach unserer Meinung kommt für ein beliebiges Quant oder Feldquant ein kurzzeitiger Entstehungsmechanismus in Frage. Bestimmte Wechselwirkungen und Energieübergänge werden für die Erzeugung eines jeden Quants verantwortlich sein. Bevor es jedoch aus einem Objekt austritt (emittiert wird), wird es kurzzeitig gebunden sein und kurzzeitig auf Lichtgeschwindigkeit beschleunigt werden, da es die Lichtgeschwindigkeit erst erlangen muss. Wir haben diese Vorstellung ausführlich in [1] begründet.

Während das Quant danach für eine extrem kurze Zeitspanne im Entstehungsmoment noch gebunden ist, bevor es emittiert wird, wird es also zwangsläufig für diese kurze Zeit in Bewegungsrichtung mitgeführt. (Ähnliche Mitführungseffekte sind in anderen Zusammenhängen bekannt.) Dieser Effekt wäre dann bei hohen Geschwindigkeiten des Objektes nicht mehr zu vernachlässigen. Ein solches Quant wollen wir als virtuelles, inneres, gebundenes Quant oder mitgeführtes Quant bezeichnen. Genau genommen wäre dies nur ein (angenommener) besonderer Quantenzustand vor der Emission eines jeden Quants. Wir nehmen jetzt an, dass ein solches mitgeführtes Quant (für die kurze Zeit seiner Existenz in diesem Zustand) unter einem i.a. veränderlichen, von der Geschwindigkeit abhängigen Wechselwirkungswinkel, mit einem inneren oder äußeren freien Quant in Wechselwirkung treten kann. Außerdem ist es aufgrund des Mitführungseffektes denkbar, dass sich Quantenabstände geschwindigkeitsabhängig verändern können. Danach kann ein gebundenes Quant, bevor es austritt, an ein zuvor ausgesandtes freies Quant herangeführt oder von einem freien Quant fortgeführt werden.

7.3 Wechselwirkung zwischen mitgeführten Quanten und freien Umgebungsquanten, speziell-relativistische Effekte und ein Energie-Impulssatz

Für die Betrachtung der folgenden Wechselwirkungen zwischen den inneren, kurzzeitig noch gebundenen Quanten mit den freien Quanten (z.B. Photonen) wollen wir zunächst die entsprechenden Beträge der Quantenimpulse heranziehen. Ein freies (inneres oder äußeres) Quant hat offenbar den Impuls

$$p_c = m_q c , \tag{7.4}$$

wobei m_q die Bewegungsmasse des Quants ist. Nach der Wechselwirkung mit einem gebundenen inneren Quant soll das freie Quant den Impuls

$$p_c' = m_q' c \tag{7.5}$$

besitzen. Bei dieser Wechselwirkung soll sich also nicht die Geschwindigkeit sondern nur die Bewegungsmasse des Quants verändern. Ein inneres, virtuelles, gebundenes Quant habe kurzzeitig (im Entstehungsmoment) den effektiven (klassischen) Impuls

$$\hat{p}_v = m_{q1} v \cdot \cos\gamma , \tag{7.6}$$

da es mit der Geschwindigkeit v in Bewegungsrichtung kurzzeitig mitgeführt wird. In dieser Zeit wird es mit einem freien Quant in Wechselwirkung treten. Hierin sei γ der

Wechselwirkungswinkel eines gebundenen Quants mit einem freien Quant. Ist dieser Wechselwirkungswinkel Null, so kommt der Maximalwert des Impulses des gebundenen Quants für die Wechselwirkung zum tragen. Ist der Wechselwirkungswinkel 90 Grad, so soll der Impuls des gebundenen Quants vor der Wechselwirkung keine Rolle spielen.

Wegen der genannten Quantenwechselwirkung addieren wir den Impuls des freien Quants zum effektiven Impuls des gebundenen Quants relativistisch und wir erhalten dann den veränderten relativistischen Impuls des freien Quants, wobei auch jedes gebundene Quant zum freien Quant wird. Es ergibt sich damit

$$p_c' = \gamma\left(p_c + \hat{p}_v\right) \tag{7.7}$$

mit dem speziell-relativistischen Korrekturfaktor $\gamma = \dfrac{1}{\sqrt{1-\dfrac{v^2}{c^2}}}$.

Diese relativistische Korrektur ist nötig, da das betrachtete Objekt die Lichtgeschwindigkeit nicht erreichen und nicht überschreiten kann. Wir setzen noch $m_{q1} = \lambda \cdot m_q$ mit $\lambda > 0$, da sich i.a. die Quantenmassen vor der Wechselwirkung unterscheiden können. Führen wir nun die entsprechenden Substitutionen der Impulse aus, so können wir unseren relativistischen Impulssatz für die Quantenwechselwirkung zwischen gebundenen und freien Quant wie folgt notieren:

$$m_q'c = \frac{m_q c + m_q \cdot v \cdot \lambda \cdot \cos\gamma(v)}{\sqrt{1-\dfrac{v^2}{c^2}}} \tag{7.8}$$

Wir hätten an dieser Stelle auch eine dynamische Quantenmasse mit

$$m_{q\_dyn} = \frac{m_q}{\sqrt{1-\dfrac{v^2}{c^2}}} \tag{7.9}$$

einführen können. Mit der dynamischen Quantenmasse und einem Wechselwirkungswinkel von Null Grad und gleichen Quantenmassen vor der Wechselwirkung erhalten wir eine einfache Form des Impulssatzes:

$$m_q'c = m_{q\_dyn}c + m_{q\_dyn}v \tag{7.10}$$

Sind die Quantenmassen vor der Wechselwirkung gleich, so ist $\lambda = 1$ zu setzen. Der Wechselwirkungswinkel ist im Allgemeinen von der Geschwindigkeit abhängig: $\gamma = \gamma(v)$. So kann der Kosinus des Wechselwirkungswinkels beispielsweise durch

$$\cos\gamma = \pm\frac{v}{c} \tag{7.11}$$

bestimmt werden, wodurch sich (je nach Vorzeichen) unterschiedliche relativistische Korrekturen ergeben oder aber der Wechselwirkungswinkel ist konstant 0, 90 oder 180 Grad und es sind auch darüber hinaus noch weitere Fälle möglich. Im Allgemeinen bestimmt also das Verhältnis der Geschwindigkeit zur Lichtgeschwindigkeit den Wechselwirkungswinkel zwischen einem gebundenen und einem freien Quant. Der Faktor

$$k = \frac{1 + \lambda \frac{v}{c} \cos \gamma(v)}{\sqrt{1 - \frac{v^2}{c^2}}} \qquad (7.12)$$

wird nun als allgemein gültiger speziell-relativistischer Korrekturfaktor aufgefasst, der durch die genannten Wechselwirkungen bestimmt wird und im Allgemeinen für alle speziell-relativistischen Effekte maßgebend werden kann.

Wir wollen jetzt den obigen Impulssatz mit den Impulsen $p_c = m_q c$ und $\hat{p}_v = m_{q1} v \cdot \cos \gamma(v) = p_v \cos \gamma(v)$ mit $p_v = m_{q1} v$ vor der Wechselwirkung und den Impulsen $p_c' = m_q' c$ und $p_v' = m_q' v$ nach der Wechselwirkung ausdrücken. Es ergibt sich dann aus (7.8) der folgende Zusammenhang:

$$\left(p_c + \hat{p}_v\right)^2 = p_c'^2 - p_v'^2 \qquad (7.13)$$

Für einen Wechselwirkungswinkel von Null Grad folgt daraus

$$\left(p_c + p_v\right)^2 = p_c'^2 - p_v'^2 \qquad (7.14)$$

und bei einem Wechselwirkungswinkel von 180 Grad ergibt sich

$$\left(p_c - p_v\right)^2 = p_c'^2 - p_v'^2 \qquad (7.15)$$

Vor der Wechselwirkung sprechen wir von einem effektiven Impuls des noch gebundenen, mitgeführten Quants. Unser Impulssatz ergibt sich (mit dem Faktor (7.12)) analog zum Doppler-Effekt des Lichts. Wir haben ihn jedoch aus Wechselwirkungsbetrachtungen zwischen gebundenen und freien Feldquanten erhalten und ihn für eine allgemeine Erklärung speziell-relativistischer Effekte herangezogen. Daraus folgt, dass sich z.B. auch die Zeitdilatation und die relativistische Massezunahme auf derartige geschwindigkeitsabhängige Quantenwechselwirkungen zurückführen lassen. Je größer die Geschwindigkeit des Objektes, desto stärker sind die genannten Wechselwirkungen und die Veränderungen der Feldstrukturen. Der Widerstand gegen die Bewegung nimmt dadurch zu (Erklärung der Massezunahme als Trägheitseigenschaft der Materie) und Wechselwirkungsstärken werden verändert, was Periodendauern vergrößert und damit die Zeitverschiebung erklärt. Außerdem wird dadurch nahegelegt, dass es weitere relativistische Faktoren gibt, wenn man eine Richtungsabhängigkeit der relativistischen Effekte in Betracht zieht. Hierzu wird man entsprechend eine Abhängigkeit der relativistischen Effekte von der Feldrichtung eines äußeren Feldes (z.B. elektromagnetischen Feldes) betrachten.
Im Allgemeinen sind die Wechselwirkungswinkel zwischen den freien Quanten und den gebundenen Quanten ganz unterschiedlich.

Wir können dem Wechselwirkungswinkel aber die folgenden Bedeutungen geben:

  a.) Wir betrachten einen richtungsabhängigen relativistischen Effekt und es liegt dafür ein
      Wechselwirkungswinkel (bzw. eine Feldrichtung) fest
  b.) Für den betrachteten Effekt ist nur dieser Wechselwirkungswinkel wesentlich bzw. im
      Ausgangszustand wesentlich.
  c.) Wir greifen aus den vielen möglichen Wechselwirkungswinkeln einen Repräsentanten
      heraus, von dem wir ausgehen.

Tritt ein Wechselwirkungswinkel bei $v = 0$ von $\pi/2$ auf, bzw. gehen wir von einem solchen
Winkel aus bzw. ist dieser Winkel gerade im Resultat zu berücksichtigen, so ist die
Abhängigkeit des Wechselwirkungswinkels von der Geschwindigkeit z.B. durch

$$\cos\gamma = -\frac{v}{c} \text{ bestimmt.}$$

Betrachten wir keinen richtungsabhängigen Effekt, so ist dieser „Ausgangswinkel" auch nicht
wesentlich, denn es treten dann viele unterschiedliche Wechselwirkungswinkel auf, wenn sich
das betrachtete Objekt durch den Raum (durch das Vakuum) bewegt. Entscheidend ist dann,
wie sich der Wechselwirkungswinkel in Abhängigkeit von der Geschwindigkeit verändert.
Bisher hatten wir uns bei dieser Wechselwirkungsbetrachtung lediglich auf die
entsprechenden Quantenimpulse vor und nach der Wechselwirkung bezogen, wobei wir auch
die kurzzeitig mitgeführten Quanten bzw. Feldquanten mit einbezogen haben und einen
effektiven Quantenimpuls des mitgeführten Quants betrachteten. Bei einer
Wechselwirkungsbetrachtung dieser Art muss sich aber auch ein entsprechender Energie-
Impulssatz formulieren lassen. Hierzu beachten wir, dass die Energie eines freien Quants vor
der Wechselwirkung durch die Relation

$$E_c = m_q c^2 \tag{7.16}$$

und nach der Wechselwirkung durch die Relation

$$E_c' = m_q' c^2 \tag{7.17}$$

bestimmt wird, da sich ja die Quantenmassen infolge der Wechselwirkung verändern sollen.
Wir weisen darauf hin, dass die freien Quanten keine Ruhmasse haben, jedoch kann man
ihnen eine Bewegungsmasse zuordnen. Bei unserem gebundenen, mitgeführten Quant kann
man kurzzeitig im Entstehungsmoment von einer Quantenruhmasse sprechen, da es relativ zur
Quelle in diesem Moment in Ruhe ist. Um die obigen Quantenenergien zu berücksichtigen,
multiplizieren wir unseren allgemeinen Impulssatz (7.13) mit dem Quadrat der
Lichtgeschwindigkeit. Es ergibt sich dann der folgende Energie-Impulssatz:

$$E_c'^2 - p_v'^2 c^2 = \left(E_c + \hat{p}_v c \right)^2 \tag{7.18}$$

Noch eine Bemerkung: Quantenbeschleunigungen und Mitführungseffekte sind durchaus in
anderen Zusammenhängen bekannt. Wir denken dabei nur an die Änderung der
Lichtgeschwindigkeit im Gravitationsfeld oder bei der Mitführung an den Fizeauschen
Mitführungsversuch. Bei unserer Betrachtung hatten wir es aber mit solchen Effekten im
Entstehungsmoment eines Quants (z.B. virtuellen Photons) zu tun.

Interessant ist weiter, dass bei einer Wechselwirkung zwischen gleichartigen Bosonen die Wahrscheinlichkeitsamplituden entsprechend verknüpft werden (Additionen und Multiplikationen), bevor dann quadriert wird und damit die Wahrscheinlichkeit bestimmt wird. Bei einer Wechselwirkung zwischen verschiedenartigen Bosonen werden aber zunächst die Quadrate der Wahrscheinlichkeitsamplituden gebildet und dann werden die erhaltenen Wahrscheinlichkeiten entsprechend kombiniert (Additionen und Multiplikationen).

Für die betrachteten Quantenimpulse (freies und mitgeführtes Quant) bzw. Energien hatten wir ebenfalls ein interessantes „quadratisches Gesetz" gefunden. Hierbei ist das Quadrat der Summe dieser Größen vor der Wechselwirkung gleich der Differenz der Quadrate dieser Größen nach der Wechselwirkung.

Wir erinnern in diesem Zusammenhang an den relativistischen Energie-Impulssatz, der sich direkt aus der relativistischen Massezunahme ergibt. Es ist danach

$$E^2 - p^2 c^2 = E_0^2 . \tag{7.19}$$

Hierin ist $E_0 = m_0 \cdot c^2$ die Ruhenergie, $E = m \cdot c^2$ die Gesamtenergie und $p = m \cdot v$ der Impuls. Der Zusammenhang zwischen Ruhmasse m_0 und Bewegungsmasse m ist bekanntlich durch

$$m = \frac{m_0}{\sqrt{1 - \dfrac{v^2}{c^2}}} \tag{7.20}$$

gegeben. Wir haben für die Erklärung der Masseanziehung die Wechselwirkungen zwischen den Gravitonen und für die allgemein-relativistischen Effekte zusätzlich noch die Wechselwirkungen zwischen Gravitonen und Photonen (bzw. virtuellen Photonen) betrachtet. Für die speziell-relativistischen Effekte haben wir die Wechselwirkungen zwischen gebundenen und freien Photonen bzw. virtuellen Photonen betrachtet. Auch die Trägheitseigenschaften der Materie hängen mit letzteren Wechselwirkungen zusammen, wie unsere Erklärung der relativistischen Massezunahme zeigt. Desweiteren ist es nicht ausgeschlossen, dass es aus Symmetriegründen auch zu einer Wechselwirkung der jeweiligen Superpartner (Teilchen mit halbzahligen Spin) kommt. Für das Graviton ist der Superpartner das Gravitino und für das Photon das Photino. Wir wollen hierbei wieder zwischen masseabhängigen und geschwindigkeitsabhängigen Wechselwirkungen der Feldquanten unterscheiden.

7.4 Gravitative Wechselwirkungen und ein Energie-Impulssatz im Quantenbereich

Aus unseren Betrachtungen zur Kerr-Metrik erhielten wir einen allgemein-relativistischen Korrekturfaktor in der Form

$$k_{ART} = \frac{1}{\sqrt{1 - \dfrac{r_g r}{r^2 + a_0^2 \cos^2 \vartheta} - \dfrac{\bar{v}^2}{c^2}}} . \tag{7.21}$$

Wir folgern damit eine allgemein-relativistische Massezunahme

$$m = \frac{m_0}{\sqrt{1 - \dfrac{r_g r}{g_{22}} - \dfrac{\overline{v}^2}{c^2}}} \, , \qquad\qquad (7.22)$$

wobei der Metrik-Koeffizient durch $g_{22} = r^2 + a_0^2 \cos^2 \vartheta$ gegeben ist. Die Geschwindigkeitsgröße (5.34)

$$\overline{v} = \sqrt{g_{11} v_r^2 + g_{22} v_\vartheta^2 + g_{33} v_\varphi^2 + 2 g_{30} v_\varphi c}$$

wird durch die Geschwindigkeitskomponenten in krummlinigen Koordinaten und durch die Kerr-Metrik bestimmt, also durch das Gravitationsfeld und den Drehimpuls des Himmelskörpers. Durch einige Umformungen erhalten wir aus (7.22) einen Energie-Impulssatz, den wir wie folgt formulieren können:

$$E^2 (1 - \mu) - \overline{p}^2 c^2 = E_0^2 \qquad\qquad (7.23)$$

Hierin sind $E = mc^2$ die Gesamtenergie, $E_0 = m_0 c^2$ die Ruhenergie (und ohne Gravitationsfeld). Die Impulsgröße bestimmt sich zu

$$\overline{p} = m \cdot \overline{v} \qquad\qquad (7.24)$$

und μ ist durch

$$\mu = \frac{r \cdot r_g}{g_{22}} \qquad\qquad (7.25)$$

gegeben. Wenn wir aber statt der Geschwindigkeitsgröße $\overline{v}$ die neue Geschwindigkeitsgröße

$$\widetilde{v} = \sqrt{c^2 \mu + \overline{v}^2} \qquad\qquad (7.26)$$

einführen, so können wir den Energie-Impulssatz wieder in der gewohnten Form formulieren,

$$E^2 - \widetilde{p}^2 c^2 = E_0^2 \qquad\qquad (7.27)$$

wobei hierin die Impulsgröße durch

$$\widetilde{p} = m \cdot \widetilde{v} \qquad\qquad (7.28)$$

bestimmt wird. Für unseren Energie-Impulssatz bei der Wechselwirkung zwischen den kurzzeitig gebundenen bzw. mitgeführten Quanten und den freien Quanten hatten wir ohne Gravitationsfeld den Zusammenhang

$$E_c'^2 - p_v'^2 c^2 = \left(E_c + \hat{p}_v c \right)^2 \qquad\qquad (7.29)$$

ermittelt. Im Grunde können wir derartige Überlegungen auch bei Vorhandensein eines Gravitationsfeldes anstellen. Wechselwirkungen zwischen Photonen (bzw. virtuellen Photonen) und Gravitonen untereinander und miteinander seien hierfür maßgebend. Mit m_q bzw. m_q' bezeichnen wir wieder Quantenmassen vor und nach der Wechselwirkung. Mit γ bezeichnen wir wieder einen Wechselwirkungswinkel, welcher geschwindigkeitsabhängig ist, der aber jetzt zusätzlich noch vom Gravitationsfeld abhängen soll. Im Allgemeinen wäre dies ein veränderlicher Wechselwirkungswinkel zwischen einem „Quantenstrom" im Raum und einem mitgeführten Quant, wobei dieser Wechselwirkungswinkel unterschiedliche Bedeutungen haben kann (siehe oben).

Den Übergang unseres Quanten-Energie-Impulssatzes zum allgemein-relativistischen Fall vollziehen wir mit unserer neuen Geschwindigkeitsgröße $\tilde{v}$. Tritt keine Bewegung im Gravitationsfeld auf, so ergibt sich aus (7.26) ein Geschwindigkeitsäquivalent

$$\tilde{v} = c\sqrt{\mu}\,. \tag{7.30}$$

Aus (7.29) erhalten wir durch diesen Übergang zum allgemein-relativistischen Fall entsprechend:

$$E_c'^2 - \tilde{p}_v'^2 c^2 = \left(E_c + \hat{\tilde{p}}_v c\right)^2 \tag{7.31}$$

Hierin ist entsprechend

$$\hat{\tilde{p}}_v = m_{q1}\tilde{v} \cdot \cos\gamma(\tilde{v}) = \tilde{p}_v \cos\gamma(\tilde{v}) \tag{7.32}$$

und $\tilde{p}_v' = m_q'\tilde{v}\,.$ $\qquad\qquad$ (7.33)

Zum Vergleich erläutern wir die Regeln zur Kombination der Wahrscheinlichkeitsamplituden bei einer Wechselwirkung zwischen zwei Bosonen. Der Quantenzustand der Bosonen sei vor und nach der Wechselwirkung (Streuung) z.B. durch die Ausbreitungsrichtung, den Impuls und die Energie der Bosonen gegeben und in einem Zustandsvektor erfasst. Wir betrachten zunächst verschiedenartige Bosonen. Geht bei der Wechselwirkung das Boson 1 (B_1) in den Zustand 1 (Z_1) und das Boson 2 (B_2) in den Zustand 2 (Z_2) über oder geht das Boson 1 in den Zustand 2 und das Boson 2 in den Zustand 1 über, so erhalten wir, wenn die entsprechenden Wahrscheinlichkeitsamplituden dieser Vorgänge mit $\langle Z_i | B_i \rangle\, i = 1,2$ bestimmt werden, die folgende Kombination der Wahrscheinlichkeiten (welche die Quadrate der Wahrscheinlichkeitsamplituden sind):

$$P_{ungleich} = \langle Z_1 | B_1 \rangle^2 \langle Z_2 | B_2 \rangle^2 + \langle Z_2 | B_1 \rangle^2 \langle Z_1 | B_2 \rangle^2 \tag{7.34}$$

Wenn wir es aber mit gleichen Bosonen zu tun haben, so können die beiden Fälle, welche durch die beiden Summanden in (7.34) beschrieben werden, nicht mehr voneinander unterschieden werden. In diesem Fall interferieren die Amplituden, weshalb wir für die Wahrscheinlichkeit insgesamt jetzt

$$P_{gleich} = \left(\langle Z_1 | B_1 \rangle\langle Z_2 | B_2 \rangle + \langle Z_2 | B_1 \rangle\langle Z_1 | B_2 \rangle\right)^2 \tag{7.35}$$

erhalten. In dem Fall, der durch (7.34) beschrieben wird, kommt es nicht zur Interferenz, die einzelnen Wahrscheinlichkeitsamplituden werden dann zunächst quadriert und die entstandenen Wahrscheinlichkeiten werden entsprechend kombiniert.

Dieser Fall ist analog zu unserer Situation nach der Wechselwirkung zwischen einem freien und einem kurzzeitig mitgeführten Quant, wobei wir hierbei aber eine Differenz von Energie- bzw. Impulsquadraten beachten mussten.

In dem Fall, der durch (7.35) beschrieben wird (Amplituden interferieren, gleichartige Bosonen), werden zunächst die Wahrscheinlichkeitsamplituden entsprechend kombiniert und danach wird quadriert, um die Wahrscheinlichkeit zu bekommen.

Dieser Fall ist analog zu unserer Situation vor der Wechselwirkung zwischen einem freien und einem kurzzeitig mitgeführten Quant, wobei wir hierbei aber eine Summe von Energien bzw. Impulsen quadrieren mussten.

Wir versuchen nun noch eine quantenphysikalische Differenzialgleichung für unsere Quantenwechselwirkungen zu gewinnen. Wir setzen jetzt für die Impulsvektoren der kurzzeitig mitgeführten Quanten in Bewegungsrichtung

$$\mathbf{p}_v = m_{q1}\mathbf{v} \tag{7.36}$$

für den speziell-relativistischen Fall und

$$\mathbf{p}_v = m_{q1}\widetilde{\mathbf{v}} \tag{7.37}$$

für den allgemein-relativistischen Fall (vor der Wechselwirkung) und

$$\mathbf{p}'_v = m'_q\mathbf{v} \quad \text{bzw.} \quad \mathbf{p}'_v = m'_q\widetilde{\mathbf{v}} \tag{7.38}$$

nach der Wechselwirkung, wobei speziell $m_q = m_{q1}$ gesetzt werden kann. Unser Energie-Impulssatz lautet damit nun allgemein:

$$E_c'^2 - p_v'^2 c^2 = \left(E_c + \mathbf{p}_v \cdot \mathbf{c}\right)^2 \tag{7.39}$$

Wir nehmen nun an, dass sich nach einer geschwindigkeits- oder/und masseabhängigen Wechselwirkung eine Wellenfunktion für die Feldquanten (Bosonen) angeben lässt, welche wir mit $\Psi_B = \Psi_B(\mathbf{r},t)$ bezeichnen. Weiterhin wollen wir eine konstante Geschwindigkeit und ein zeitlich unveränderliches Gravitationsfeld voraussetzen.

Um für diese Wellenfunktion eine Gleichung zu gewinnen, müssen wir für die Energie und den Impuls auf der linken Seite von (7.39) zu den quantenmechanischen Operatoren übergehen und anschließend diese Operatorgleichung auf die Wellenfunktion anwenden. Wir erhalten zunächst den folgenden Hamilton-Operator:

$$H = \hbar^2\left(c^2\Delta - \frac{\partial}{\partial t^2}\right) - E_c^2 - 2E_cE_v - E_v^2 \tag{7.40}$$

Hierin ist $\Delta = \dfrac{\partial^2}{\partial x^2} + \dfrac{\partial^2}{\partial y^2} + \dfrac{\partial^2}{\partial z^2}$ und $E_v = \mathbf{p}_v \cdot \mathbf{c}$ $\tag{7.41}$

Damit ergibt sich unsere Wellengleichung zu $H\Psi_B = 0$. $\tag{7.42}$

Wie unsere Überlegungen also zeigen, können wir die Gravitation, die Trägheit, die speziell- und die allgemein-relativistischen Effekte auf Wechselwirkungen zwischen Feldquanten zurückführen, wobei die Wechselwirkungen zwischen gleich- und verschiedenartigen Bosonen auftreten können. Wir beachten aber, dass wir bei unseren neuartigen Erläuterungen auch einige zusätzliche Quanteneigenschaften postulieren mussten. Desweiteren haben wir lediglich Grundbeziehungen der Quantenphysik mit den Gleichungen der Relativitätstheorie verbunden. Mit dieser Methode erhalten wir damit lediglich Aussagen über Zusammenhänge bestimmter Impulse und Energien.

8   Imaginäre Zeit ?, Zeitlosigkeit?, Rückwärtszeit?

Um die Pfadintegralmethode von R. Feynman (eine Methode, welche in der Quantenmechanik Anwendung findet) in der Quantenkosmologie anwenden zu können, muss man zu einer imaginären Zeit übergehen (Wick-Rotation).
In der realen Zeit hat das Universum einen Anfang und ein Ende und im Rahmen der allgemeinen Relativitätstheorie hat es auch im Urknall eine Singularität. In der imaginären Zeit gibt es aber keine Singularitäten und Grenzen [7].
Unserer Meinung nach ist in einem unendlichen, hierarchisch aufgebauten Weltall (unendliches Multiversum) unser Kosmos (Universum) eingebettet (siehe oben), wobei es singuläre Zustände in der Realität nicht geben kann. Die Unendlichkeit in Raum und Zeit besteht also aus unendlich vielen Endlichkeiten in Raum und Zeit. Singularitäten und überdichte Materiezustände werden durch Quanteneffekte (z.B. auch Teilchenentstehung aus dem Vakuum) und zusätzliche Skalarfelder (welche aus vereinheitlichten Feldtheorien folgen) vermieden.
Die Grundgleichung der Quantenkosmologie, die Wheeler-DeWitt-Gleichung enthält die Zeit nicht explizit. In ihr taucht eine Wellenfunktion für das Universum auf, welche von einem Skalenfaktor und der Natur der Materie abhängt. Der Skalenfaktor kann als Maß einer „inneren Zeit" des Universums verwendet werden, er beschreibt die Größenveränderung des Universums und für eine anisotrope Expansion werden unterschiedliche Skalenfaktoren benötigt. Aber wenn die Zeit in diesem Zusammenhang nicht primär ist, was liegt dann der Zeit zugrunde? Wir sahen, dass die Zeit durch bestimmte charakteristische Bewegungsformen bestimmt wird, welche im Zusammenhang stehen und vom Raum abhängen. Deshalb kann man die Zeit als etwas „Abgeleitetes" von der materiellen Bewegung verstehen, es ist eine Existenzform der Materie.
Man kennt diverse Zeitpfeile, welche eine Zeitrichtung vorgeben. So gibt es den psychologischen Zeitpfeil, den kausalen und den evolutionären Zeitpfeil, sowie diverse physikalische Zeitpfeile (radioaktiver, thermodynamischer, teilchenphysikalischer, quantenphysikalischer, gravitativer und kosmologischer Zeitpfeil) [7]. Das Entstehen einer Irreversibilität hängt mit den Anfangs- und Randbedingungen zusammen, welche die jeweiligen Systeme unterliegen. Die Tatsache, dass die Zeit nicht umkehrbar ist, drückt sich in der Existenz der obigen Prozesse aus. Die Zeit ist also nicht einfach nur ein fortlaufendes Zählen von Takten, sondern sie wird auch durch Übergänge in neue Qualitäten charakterisiert. Insofern dürfen wir auch nicht denken, falls ein Kosmos (unser Universum) nach einer Expansionsphase wieder kontrahiert, dass dann die Zeit rückwärts geht. Ein Rückwärtsgehen der Zeit und eine Kausalitätsverletzung sind ausgeschlossen. Eine Wirkung kann nicht ohne eine zeitlich vorausgehende Ursache auftreten (kausaler Zeitpfeil) und jede Wirkung kann ein oder mehrere Ursachen haben und dies setzt sich immer weiter fort, sodass wir eine unendliche Hierarchie von Kausalitätsbeziehungen vorliegen haben. Der kausale Zeitpfeil ist deshalb der grundlegende Zeitpfeil, welcher überall in der Natur gültig bleibt.

Die Gleichzeitigkeit und die Zeit sind relativ. Eine imaginäre Zeit wird nur aus theoretischen Gründen eingeführt und eine Zeitlosigkeit und eine Rückwärtszeit (Zeitumkehr) sind nicht real.

9 Der Raum als Existenzform der Materie und Block-Universsum

Der Raum im physikalischen Sinne (wir meinen damit keine mathematisch abstrakten Räume) ist lediglich eine Existenzform der Materie und damit selbst durch die Materie bestimmt. Hierzu einige Beispiele: In der allgemeinen Relativitätstheorie wird der Raum durch das Gravitationsfeld bestimmt, welches für viele Prozesse in ihm maßgebend ist. Materieformen (einschließlich der dunklen Materie), Felder (insbesondere elektromagnetische Felder und Gravitationsfelder), Strahlung unterschiedlicher Wellenlängen (insbesondere die 3K-Hintergrundstrahlung) und andere Energieformen (z.B. Vakuumenergie, dunkle Energie) bilden den kosmologischen Raum im physikalischen Sinne und bestimmen die Gesamtenergiedichte und damit die Hubble-Zahl im Universum. Die kosmologische Rotverschiebung hängt daher von der Gesamtenergiedichte und von der Entfernung ab. Es gibt zwar eine Vielzahl dynamischer Effekte für das Auftreten der Rotverschiebung im Kosmos, doch vermuten wir auch einen rein entfernungsabhängigen (statischen) Anteil der Rotverschiebung, der bei großen Entfernungen natürlich immer dominierender wird. Dieser soeben beschriebene Raum im physikalischen Sinne existiert also nicht außerhalb der oben erwähnten Materieformen. Die strikte Unterscheidung, dass sich einmal nur die Materie im Raum und zum anderen nur der Raum selbst bewegt (z.B. expandiert) ist also nicht korrekt, da der physikalische Raum eben durch jene Materieformen gebildet wird, wobei wir mit dem Raum Materieformen meinen, welche Bedingungen für andere Materieformen festlegen.
Die vierdimensionale Realität wird oft als „Block-Universum" bezeichnet, denn sie entwickelt sich nicht, sondern ist gleichsam als Ganzes vorhanden[7]. Das Block-Universum ist quasi zeitlos oder ewig. Die physikalische Realität wird dabei als vierdimensionale Existenz gedacht, statt wie bisher, als Entwicklung einer dreidimensionalen Existenz. Bei dieser Interpretation wird die Zeit quasi „verräumlicht", was man aber unserer Meinung nach nur formal oder theoretisch so betrachten kann. Wir haben ja gerade den untrennbaren Zusammenhang zwischen Raum, Zeit, Materie und Bewegung herausgearbeitet und es existiert weiterhin ein dialektischer Zusammenhang zwischen den Endlichkeiten in der Zeit und der Unendlichkeit in der Zeit, welcher durch ein immerwährendes Entstehen und Vergehen unterschiedlicher materieller Systeme gekennzeichnet ist.

Man darf also in der Physik nicht den Fehler machen, die Materie bzw. den Raum oder die Entwicklung bzw. die Zeit sich wegzudenken und den Beginn von Raum und Zeit mit dem Beginn unseres Universums zu setzen. Es ist (wie begründet) Raum, Zeit, Materie und Bewegung stets im Zusammenhang vorhanden, wobei Raum und Zeit Existenzformen der sich bewegenden Materie sind.

10   Dialektische Zusammenhänge und das Wesen der Zeit

Wir sahen, dass die Zeit einen objektiven Charakter hat, denn sie hängt mit Zyklen und Entwicklungsprozessen zusammen, welche außerhalb und unabhängig von unserem Bewusstsein ablaufen. Sie hat aber auch ein subjektives Element, welches mit unserem Zeitempfinden und der Art und Weise der Zeitmessung zusammenhängt. Wir sahen weiter, dass die Zeit eine Richtung hat, denn wir verknüpfen sie mit irreversiblen Prozessen, aber sie hat auch eine sich wiederholende, eine „ungerichtete Seite" insofern diese Prozesse mit periodischen Abläufen zusammenhängen. Weiterhin können wir die Zeit als Etwas kontinuierlich Ablaufendes verstehen, wobei wir z.B. fortwährende periodische Prozesse für die Zeitmessung nutzen, aber mit der Zeitrichtung, mit einer Entwicklung, sind qualitative Sprünge verbunden, denn durch quantitative Anreicherung entstehen neue Qualitäten (unter bestimmten Bedingungen) und dies ist auch ein Charakteristikum einer jeden Entwicklung. Desweiteren herrscht in der Natur durch ständige Wechselwirkungen, Bewegungen und Veränderungen auch ein immerwährendes Entstehen und Vergehen der Objekte im Mikro- und im Makrokosmos. Dies begründet eine Unendlichkeit in der Zeit, weil wir damit im Großen und Ganzen keinen Anfang und kein Ende in der Zeit auszeichnen können. Aber jedes endliche materielle System hat einen Anfang und ein Ende in der Zeit (im Gegensatz zur unendlichen Materie).

Die Zeit ist also in bestimmter Hinsicht objektiv und subjektiv, gerichtet und ungerichtet, kontinuierlich und diskontinuierlich, quantitativ und qualitativ bestimmt, endlich -und insgesamt gesehen- unendlich. Diese Seiten gehören jeweils zusammen, wenn wir sie auch getrennt betrachten können.

Die Zeit ist also kein Entweder/Oder, kein Ausschluss des Einen oder Anderen, sie ist nicht nur etwas Subjektives, nicht nur etwas Endliches und nicht nur etwas Gerichtetes usw., sondern sie ist gekennzeichnet durch eine Gesamtheit von dialektischen Beziehungen, welche wiederum miteinander im Zusammenhang stehen.

Manchmal wird ausgesagt, dass die Zeit nur eine Illusion ist, dass sie selbst nicht vergeht, dass man nicht von einem Fluss der Zeit sprechen könne. Es ist aber auch die Frage, was wir unter der Zeit verstehen wollen, welche Zusammenhänge wir hier in den Mittelpunkt rücken. Sind es charakteristische Bewegungen (Zyklen, Entwicklungsprozesse, Zustandsänderungen), oder ist es nur deren Quantisierung (z.B. durch eine Anzahl von Zyklen) oder ist es nur unser Zeitempfinden, was uns den Eindruck eines Zeitflusses vermittelt? Offenbar müssen wir alle diese Aspekte im Zusammenhang betrachten. Um uns ein komplexes Bild über das Wesen der Zeit zu verschaffen, müssen wir also gerade diese Zusammenhänge untersuchen.

Wie wir aber ebenfalls folgerten, müssen wir auch die Zusammenhänge zwischen Materie, Raum und Zeit und die Relativität der Zeit beachten, denn die Zeit ist selbst nur an bestimmte materielle Bewegungsformen im Raum gebunden. Materie, Bewegung, Raum und Zeit können also nur im Zusammenhang existieren.

Literatur

[1] Döbbecke, T.: Grundsatzfragen der Quantentheorie, GRIN Verlag, 2010.

[2] Döbbecke, T.: Gibt es Überlichtgeschwindigkeiten also Signal- und Teilchengeschwindigkeiten?, GRIN Verlag, 2011.

[3] Schmutzer, E.: Grundlagen der theoretischen Physik, Teil 1 und 2, Wissenschaftsverlag, Mannheim-Wien-Zürich 1989.

[4] Weizsäcker, C.F.: Aufbau der Physik, Carl Hanser Verlag München Wien 1985.

[5] Spektrum der Wissenschaft Spezial 1/2007.

[6] Fröhlich, H.-E.: Die Sterne. 62.Band, Heft 2: Strukturbildung im Kosmos. J.A. Barth, Leipzig 1986.

[7] Vaas, R.: Hawkings neues Universum, Franckh-Kosmos Verlags-GmbH & Co. KG, Stuttgart 2008.

[8] Schmutzer, E.: Relativitätstheorie-aktuell, Mathematisch-Naturwissenschaftliche Bibliothek. 68.Band, BSB B.G. Teubner Verlagsgesellschaft, Leipzig, 1979.